汽車構造&
知識全圖解

從 引擎 、 車體 到 驅動系統
全方位解析

繁 浩太郎／著　　陳識中／譯

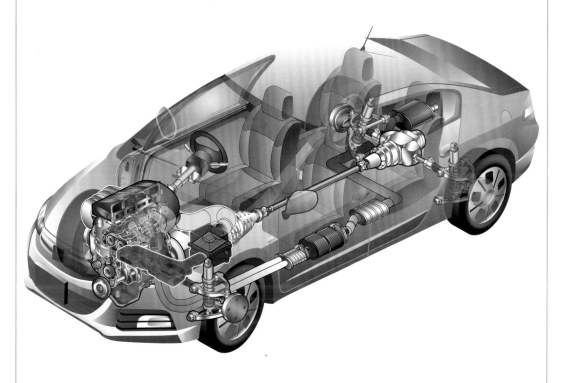

前言

汽車產業是日本這個國家的關鍵產業之一，引領了日本二戰後的高度經濟成長期。至今汽車工業依然是日本的關鍵出口產業，靠著進軍海外在全球汽車市場持續成長。

汽車屬於尖端技術產業，既吸收了各時代的尖端技術，也引導著尖端技術的開發。在小小一輛汽車上，匯聚了從鋼鐵和樹脂的加工技術到IT（資訊科技）等各式各樣的尖端技術。

汽車雖然是在汽車製造商的工廠組裝出來的，但一輛車大部分的零件都是由不屬於汽車製造商工廠的零件製造商生產。直接替汽車製造商的工廠供應零件的製造商被稱為第一階或Tier 1供應商。而Tier 1的廠商也跟汽車製造商一樣，會向許多不同的Tier 2零件供應商採購零件來生產。而Tier 2又會向Tier 3採購……逐級向下分工。由此可見，汽車產業的結構專業化分工程度很深，必須由許多零件製造商逐級往上組成金字塔型結構、通力合作，最終才能生產出一輛汽車。

此外，汽車是由很多種材質、原料組成。其中包含鐵、鋁、稀有金屬、樹脂、玻璃、橡膠、烤漆、布料、雷管、電子器械……等各種各樣的材質和原料。因此上面提到的零件製造商必須跟不同材料的供應商合作，才能製造出所需的零件。同時，零件的製造方法也很多元。在製造過程中，汽車製造商自不用說，包含金字塔下層的材質、原料供應商在內，眾多的零件製造商也都在努力減少碳排放，保護地球環境。

在上述過程中生產出來的汽車，會被應用在酷暑之地、極寒之地、沙漠乾燥氣候、高地等各種環境的陸上交通。不僅如此，由於汽車是載人的工具，所以也是攸關人命的商品。換言之，汽車可能會在不同的條件下行駛，而且與人們的性命息息相關，是種無論設計、製造、販賣都必須小心注意的商品。

如上所述，汽車工業在現代是跟人們的生活緊密相關的產業，規模也變得極其龐大。而本書將介紹汽車的構造和原理，希望能幫助各位讀者加深對汽車的認識。

2015年4月

繁　浩太郎

汽車構造&知識全圖解

本書的使用方法 ……………… 6

序章 汽車的前世今生

汽車的進化 …………………… 8

汽車的零件 …………………… 10

汽車的驅動方式 ……………… 12

汽車的動力源 ………………… 14

column 車體風格 …………… 16

第1章 汽車的構造

引擎的構造 …………………… 18

引擎的原理 …………………… 20

汽門系統 ……………………… 22

燃料噴射系統 ………………… 24

點火系統 ……………………… 26

進排氣裝置 …………………… 28

發動・充電裝置 ……………… 30

冷卻裝置和增壓器 …………… 32

變速器① MT ………………… 34

變速器② AT ………………… 36

變速器③ CVT和DCT ……… 38

底盤① 構造 ………………… 40

底盤② 傳動系統 …………… 42

底盤③ 輪胎 ………………… 44

底盤④ 輪圈 ………………… 46

底盤⑤ 懸吊系統（前輪）… 48

底盤⑥ 懸吊系統（後輪）… 50

底盤⑦ 轉向系統 …………… 52

底盤⑧ 腳煞車 ……………… 54

底盤⑨ 手煞車 ……………… 56

車身① 構造和材料 ………… 58

車身② 車門和保險桿 ……… 60

車身③ 車窗和安全車身 …… 62

艤裝① 構造和艤裝 ………… 64

艤裝② 座椅和後照鏡 ……… 66

電裝① 組成和車燈 ………… 68

電裝② 儀表和雨刷 ………… 70

電裝③ 導航和安全氣囊 …… 72

安全輔助裝置（主動式安全系統）⋯⋯ 74

column　小排量渦輪 ⋯⋯⋯⋯⋯⋯⋯ 76

第2章　汽車的生產方式

汽車的製造 ⋯⋯⋯⋯⋯⋯⋯⋯⋯⋯⋯ 78

車體製造① 沖壓 ⋯⋯⋯⋯⋯⋯⋯⋯ 80

車體製造② 焊接 ⋯⋯⋯⋯⋯⋯⋯⋯ 82

車體製造③ 塗裝 ⋯⋯⋯⋯⋯⋯⋯⋯ 84

車體製造④ 組裝 ⋯⋯⋯⋯⋯⋯⋯⋯ 86

副線① 引擎 ⋯⋯⋯⋯⋯⋯⋯⋯⋯⋯ 88

副線② 車門和儀表板 ⋯⋯⋯⋯⋯⋯ 90

成車檢驗 ⋯⋯⋯⋯⋯⋯⋯⋯⋯⋯⋯ 92

column　防撞安全措施 ⋯⋯⋯⋯⋯ 94

第3章　環境友善的汽車

電動車（EV）① 構造 ⋯⋯⋯⋯⋯⋯ 96

電動車（EV）② 馬達的特性 ⋯⋯⋯ 98

混合動力車（HV）① 構造 ⋯⋯⋯⋯ 100

混合動力車（HV）② 驅動方式 ⋯⋯ 102

混合動力車（HV）③ 原理 ⋯⋯⋯⋯ 104

插電式混合動力車（PHV）⋯⋯⋯⋯ 106

燃料電池車（FCV）⋯⋯⋯⋯⋯⋯⋯ 108

燃料電池和蓄電池 ⋯⋯⋯⋯⋯⋯⋯ 110

環保車的課題 ⋯⋯⋯⋯⋯⋯⋯⋯⋯ 112

column　汽車業的環保史 ⋯⋯⋯⋯ 114

終章　未來的汽車與汽車社會

汽車的未來願景① 氫能社會 ⋯⋯⋯ 116

汽車的未來願景② 自動駕駛 ⋯⋯⋯ 118

汽車的未來願景③ 車載資訊系統 ⋯⋯ 120

駕駛的樂趣 ⋯⋯⋯⋯⋯⋯⋯⋯⋯⋯ 122

索引 ⋯⋯⋯⋯⋯⋯⋯⋯⋯⋯⋯⋯⋯ 124

本書的使用方法

本書是透過豐富的圖文來介紹各種跟汽車有關的知識。因此,各位可以輕鬆愉快地學習。不只能從中學習到構成汽車的各種零件,以及個別零件的構造、原理,還能了解汽車製造的工序和環保車等與汽車相關的知識。書中所有內容都以簡潔而清楚的文字解說,並搭配與之對應的插畫和照片,讓大家更容易親近汽車的世界。

主題

該頁要學習的主題名稱。本書中每一個跨頁會介紹1個主題。

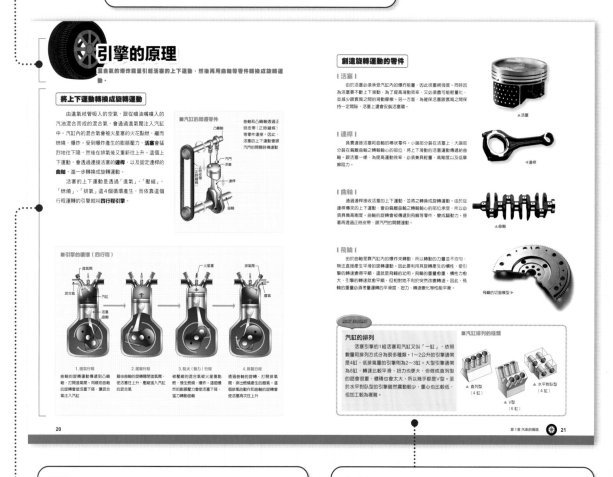

解說

從汽車的基礎分野到稍具專門性的內容,所有介紹都會搭配插圖或照片。

專欄

解說中沒有提及的補充內容,以及較為延伸性的內容,會用專欄的形式介紹。

汽車的前世今生

　　通勤、上學、外出旅遊時，人們會搭乘家用車或屬於大眾交通工具的公車、計程車，而在物流運輸時則會運用卡車，各式各樣的車輛活躍在我們的生活中。另外，在緊急時刻，還有救護車或消防車等活躍於救災活動中。如今汽車已是人類社會不可分離的存在。在序章，我們將介紹汽車從誕生以來，究竟經歷了什麼樣的進化，以及汽車又是由何種零件組成，從各種角度來看看汽車的前世今生。

汽車的進化

誕生於18世紀中葉的汽車經歷了巨大的演變，而現在也依然持續進化著。

▲ 1769年於法國製造的蒸氣汽車，原本是被發明來拖曳大砲的實驗品，因此又被叫作「居紐的砲車」。照片是1771年時修復的2號車　　　　（照片提供：PPS通信社）

汽車的誕生與進化

自汽車取代馬車以來，雖然靠著車輪移動的事實沒有改變，但外形和動力來源都經歷了巨大的演進。

世界上最早問世的汽車，是1769年在法國製造、依靠蒸汽機運動的**蒸氣汽車**。而在100多年後的1880年代初期，德國的戈特利布・戴姆勒和卡爾・賓士，兩人可說是幾乎於同一時期發明了世界最早的**汽油引擎車**。

而在1913年，美國的亨利・福特發明出利用傳送帶的大量生產系統，藉由工業化生產方式降低了汽車的價格，在這之後汽車就開始快速傳播至全世界。以此大量生產系統為基礎，汽車的「行駛、轉彎、停止」的基本性能，以至於舒適度都有了飛躍性提升。

在2010年，全球的汽車數量約略已超過10億輛，相當普及。汽車增加了交通的便利性，如今人類社會已經無法脫離它的存在。

持續進化的汽車

電動車誕生的時期，雖然在汽車的歷史當中相較於其他車種早，不過最後稱霸市場的卻是汽油車和柴油車。

在20世紀末期，全球多次傳出石油即將枯竭的傳聞，導致汽油和柴油的價格飆漲。同時，空氣汙染和二氧化碳排放導致全球暖化的問題也開始受到關注，於是在20世紀末期，產業開始研發環保且更節省燃料的汽車。

▲1886年在德國製造的汽油引擎車──賓士奔馳專利電機車1號的複製品
（照片提供：豐田博物館）

▲1997年豐田汽車製造的世界首型量產混合動力車款Prius
（照片提供：豐田汽車）

▲由美國的福特大量生產的福特T型車（照片中為1909年款）
（照片提供：豐田博物館）

▲2013年由BMW製造的電動車款i3　（照片提供：BMW）

▲1960～1970年代，汽車的性能在歐美獲得飛躍性的提升。在美國，具有高性能的跑車──福特野馬極受歡迎
（照片提供：豐田博物館）

到了21世紀，即使從能源的角度來看，人類也更迫切需要對地球環境友善的汽車，因此電動車、**混合動力車**和**燃料電池車**愈來愈受關注。同時，人們也在摸索汽車在智慧城市和智慧家庭等資訊化社會中的應有型態。

MINI COLUMN

引擎與電動車

在20世紀初期，發明家湯瑪斯‧愛迪生發明了電動車。愛迪生針對電池進行了改良，用以鐵和鎳當電極的「愛迪生電池」設計了3輛電動車。

在1910年，作為宣傳活動的一環，愛迪生讓這輛車在多次充電的情況下從紐約行駛到新罕布夏。

▲湯瑪斯‧愛迪生與愛迪生設計的電動車

汽車的零件

構成汽車的零件數量非常多，據說多達2萬或3萬個。

構成汽車的零件

汽車（汽油引擎車）的動力來源是**引擎**。引擎產生的旋轉動力會通過驅動軸傳到輪胎，使汽車往前跑。負責傳遞動力的**驅動系統**和懸吊系統、輪胎等零件合稱為**底盤**，而底盤又組裝在**車身**下。

除此之外，車身還會裝上操作駕駛系統跟行駛時確保乘坐者安全與舒適的座椅等**艤裝**。

此處將以FR驅動（→p.12）的典型汽車為例，介紹構成汽車的主要部件。

■主要的汽車零件

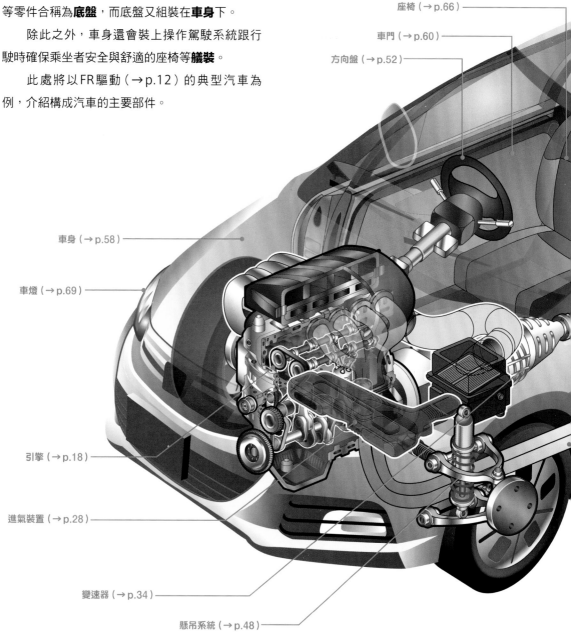

座椅（→p.66）

車門（→p.60）

方向盤（→p.52）

車身（→p.58）

車燈（→p.69）

引擎（→p.18）

進氣裝置（→p.28）

變速器（→p.34）

懸吊系統（→p.48）

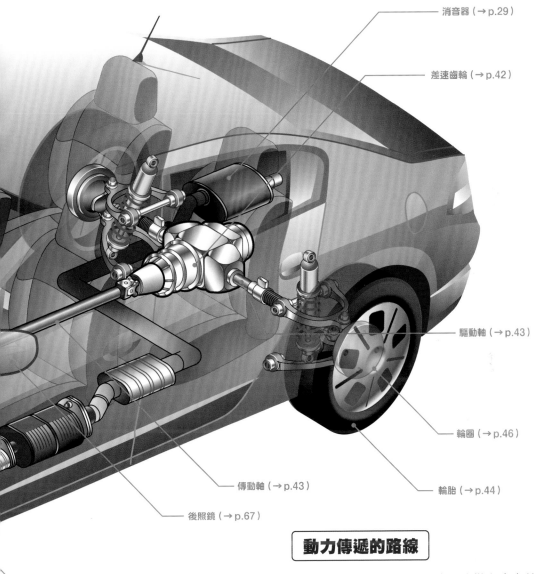

消音器（→p.29）

差速齒輪（→p.42）

驅動軸（→p.43）

輪圈（→p.46）

傳動軸（→p.43）

輪胎（→p.44）

後照鏡（→p.67）

排氣管（→p.29）

動力傳遞的路線

　　FR驅動的汽車的動力來自安裝在車身前方的引擎，再經由變速器、傳動軸、差速齒輪、驅動軸等零件，將驅動力傳遞到後輪的左右輪胎。另外，引擎的廢氣則透過連接著消音器的排氣管排出。

汽車的驅動方式

能夠將引擎的動力傳遞到輪胎的方法有很多種。

5種驅動方式

可以從引擎接收到動力的車輪稱為**驅動輪**，驅動輪的配置方式則稱為**驅動方式**。除了以4個輪胎驅動的**四輪驅動（4WD）**外，還存在以2個輪胎驅動的**二輪驅動（2WD）**，而二輪驅動又分成**前輪驅動（FWD）**和**後輪驅動（RWD）**。

同時，驅動方式通常會把驅動輪的位置和引擎的位置合寫在一起。比如二輪驅動分為**FR驅動**、**FF驅動**、**MR驅動**、**RR驅動**。引擎的配置除了配置位置外，連配置的方向也會影響汽車的性格。將引擎的轉動軸沿著汽車前後方向安裝的方式叫縱置，沿左右方向安裝的方式則叫橫置。

I FR驅動 I

將引擎放在車輛前方（源自馬車時代由馬在前面拉的概念），由2個後輪當驅動輪的驅動方式。引擎為縱置。

特色是前後的重量分配佳，操作的穩定性優秀。然而，由於變速器和傳動軸通過車底下方，導致車內空間變小。

直到1970年代左右，乘用車幾乎都採用這種驅動方式。另外，乘用車一般搭配用前輪轉向的轉向系統。

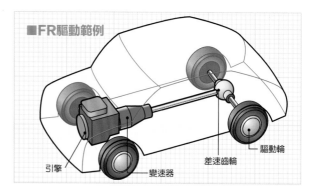

■FR驅動範例

引擎　變速器　差速齒輪　驅動輪

I FF驅動 I

將引擎放在車輛前方，並以前輪驅動的方式。引擎以橫置為主流。

由於引擎、驅動輪、轉向系統都集中在車前，導致前方很重，結構也變得複雜。優點是車內空間比較寬闊，且由於結構都集中在前方，故有利於減少車輛整體的重量。

1980年代以後，小型車主要採用這種驅動方式。現在有些較大型的汽車也開始採用FF驅動。

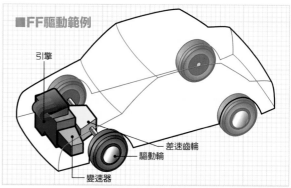

■FF驅動範例

引擎　差速齒輪　驅動輪　變速器

I MR驅動 I

將沉重的引擎和變速器安裝在前後車軸之間的方式。引擎以橫置為主流。

由於車內空間會變小，所以大多為雙人乘坐，但遇到車體較高的車型時，偶爾會透過抬高地板的方式將引擎等零件安裝在地板下，擠出安裝後座的空間。

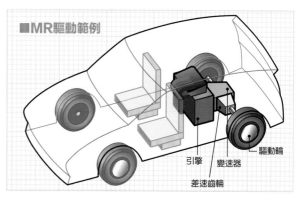

■MR驅動範例

引擎　變速器　驅動輪　差速齒輪

▌RR驅動 ▌

　　將引擎放在車後的車軸後方，以後輪驅動的方式。引擎縱置、橫置兩者都有。

　　由於驅動系統等集中在後輪部分，所以車內空間比較大。然而，由於後備箱必須改放到前輪轉向的車輛前方，所以空間會被壓縮。另外，由於沉重的部分都集中在後方，車體前方很輕，導致負責轉向的前輪負重變小，因此行駛的穩定性較差，尤其是在高速行駛的時候。

　　1970年代前的小型車大多是輕巧的氣冷式引擎車。以福斯1型、飛雅500、日本的輕型車（360cc時代）等等為代表。雖然現在幾乎已經看不到，但大型巴士等車種仍會採用這種驅動方式。

▌4WD驅動 ▌

　　引擎的驅動力會傳遞到前後4個輪胎的驅動方式。對雪地或荒野等路面的適應性較好。因此，長久以來廣泛被吉普車等車種所採用，這類車種要在未鋪裝路面上才能發揮其真正的價值。

　　現在，也有些車型不是為了提高荒地等路面的駕駛性，而是為了提升在鋪裝路面上的操縱穩定性而採用。

　　根據車型的不同，也會被稱為 AWD（All Wheel Drive，全輪驅動）。這種系統有時會以FF驅動或FR驅動為基礎，引擎的配置也是縱置、橫置兩者都有。

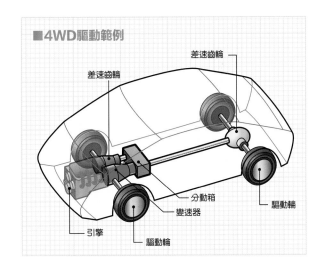

■RR驅動範例

引擎
差速齒輪
驅動輪
變速器

■4WD驅動範例

差速齒輪
差速齒輪
分動箱
變速器
驅動輪
引擎
驅動輪
驅動輪

MINI COLUMN

乘用車的小型化

　　在1970年代的石油危機前，開大車被視為一種財富的象徵。然而在石油危機爆發後，為了降低燃料費，汽車開始往更輕更小的方向研發。另一方面，由於使用者也出現想要更大車內空間的需求，故「將車體變小，並放大車內空間」的概念應運而生，使乘用車開始轉向FF驅動。

　　雖然最初跟原本占主流地位的FR驅動相比，FF驅動有運動性能較差、前輪輪胎更容易耗損等各種問題，但如今這些問題幾乎都已經順利解決。

　　在石油危機爆發後，可以說乘用車的歷史就是換成FF驅動以實現小型化的歷史。

▲搭載低耗油、低公害的CVCC引擎技術的本田Civic（1973年款）。作為小型乘用車相當受歡迎

汽車的動力源

汽車的動力源有很多種類，而其中最具有代表性的是汽油引擎、柴油引擎以及馬達。

內燃機引擎

如**汽油引擎**和**柴油引擎**等，在內燃機（汽缸）中燃燒燃料，將熱能轉換成動能的機器就叫**內燃機引擎**。

汽油引擎是以汽油為燃料，而柴油引擎以柴油為燃料。兩者都是把燃料燃燒時的膨脹壓力轉化成動能，但燃燒的方法有所不同。

汽油引擎的原理是用火星塞點燃由汽油和空氣混合成的氣體，而柴油引擎則是把柴油噴入壓縮後的空氣來點燃柴油。

引擎

▲汽油引擎車的引擎室

馬達

電動車和混合動力車、燃料電池車等車種，是用電池中儲存的電轉動**馬達**當成動力來源。

馬達會把電能轉換成動能。馬達車的優點是在行駛時不會排放廢氣，而且運轉時的噪音很小。除了能夠當成驅動汽車的動力源以外，馬達也可以在急難時當成發電機，用來提供電能。

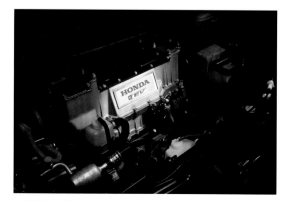

▲電動車上的馬達

扭力與馬力

扭力的英文torque在物理學上應該稱為「力矩」，而馬力的定義是「扭力×轉速＝馬力」這個公式，用於表達汽車行駛時的力量。換言之，如果馬力不夠，汽車就無法爬上山坡，也不能以高速行駛。

這裡就讓我們以腳踏車為例來說明扭力和馬力的概念。

腳踏車是靠著人力踩踏板來前進。如果騎手的腿力很強勁，腳踏車就能迅速地騎上坡道；但若是騎手的腿力不夠，那麼騎行於坡道時就會相當辛苦。

此時騎手踩踏板的腿力就相當於「引擎在汽缸內推動活塞的爆發力」。而騎手踩踏的力跟踏板長度的積就是踏板的扭力（力矩[kg-m]），「踩踏板的人腿力弱的話，則踏板的力矩（扭力）也較小；踩踏板的人腿力強的話，則踏板的力矩（扭力）也會比較大」。

而引擎的扭力便是「爆發力×曲軸的轉軸中心到連桿的結合部的距離（曲柄的偏位）」，爆發力愈大，引擎的扭力也會愈大。

人力驅動的時候，不論踩踏板時的轉速是低是高，騎手擁有的力量都是固定的；但引擎在低轉速和極高轉速時的扭力會下降。以汽油引擎來說，可以發揮最高扭力的轉速區間大多為每分鐘3500～4000轉，而啟動時一般必須將轉速提高到每分鐘2000轉左右，產生一定程度的扭力，繼而產生啟動所需的馬力。

馬力相當於腳踏車的踏板力矩（扭力）乘以踏板轉速。如果用力快速踩動踏板衝上斜坡，此時腳踏車的爬坡力（馬力）就很大；但若在沒有快速踩動踏板的情況下衝上斜坡，就會很難爬上去。而馬力不夠的引擎也是一樣。

換言之，「踩踏板的力×踏板長度＝踏板的力矩（扭力）」、「踏板的力矩×踏板的轉速＝腳踏車的行駛力量（馬力）」。踩踏板力量強的人就相當於有爆發力的引擎，而高速踩踏板騎行的狀態就相當於引擎釋放馬力的狀態。

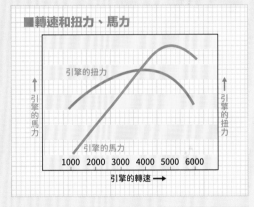

■轉速和扭力、馬力

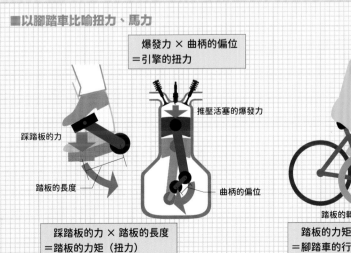

■以腳踏車比喻扭力、馬力

車體風格

　　汽車的車體風格有很多種。在汽車普及前人類使用的馬車，雖然區分為搭乘用和運貨用等各式各樣的類型，不過汽車首先是以搭乘用為主要進化方向，像是老爺車等常見的骨董車款。在外形上，早期的汽車擁有一個裝有引擎和變速器的車鼻部分以及車室，而行李廂則放在尾部，空間很小。

　　之後，汽車依照用途變化出各種外形，出現了以「轎車」為中心的乘用車、卡車、巴士等風格。

　　乘用車中演化出了以露營和旅行為目的，擁有可以運載大量行李的長後備箱的「旅行車」。此外，為了乘坐更多人或行李而加高的「廂型車」也跟著登場；隨後為了滿足覺得廂型車太大的車主而設計的「迷你廂型車」也在美國市場推出。這種車體風格在日本人看來明明一點也不小，卻還是被稱為「迷你廂型車」，就是因為這個名稱來自美國。

　　除此之外，為了越野而生的4WD車，以及車室位置比旅行車更高的「SUV（Sport Utility Vehicle）」等車型也陸續出現，而SUV中又衍生出擁有卡車貨台和車室的「皮卡車」。同時，市場也回應使用者的需求發展出許多介於以上風格之間的車型，使汽車演化出大量的外形。而且最近不只是轎車和休旅車，就連上述這些種類的乘用車也變得愈來愈智慧和時髦。特別是SUV，這原本是主打4WD和越野的汽車，但近年逐漸往高扭力又適合都市使用的智慧車發展。在外形上，有車室愈來愈小，後部愈來愈低的傾象。

　　由此可見，雖然汽車的車體風格最初是為配合其使用目的而分化演變，但最近為了降低油耗，也開始受到空氣動力設計等機能面影響；而或許是使用者的喜好逐漸往重視時髦的方向傾斜，比起原本的機能，現在愈來愈多車款把設計重點放在造型上。

第1章

汽車的構造

一輛汽車用到的零件據說可達2萬或3萬之多。在第1章，我們將介紹引擎及其周邊所用到的零件、負責將引擎產生的動力傳遞到輪胎的零件、控制汽車轉向・減速・停止的零件外，還要看看構成汽車基本形狀、保護乘坐者的車體零件，以及提升安全性與車內環境舒適的艤裝・電裝，看看跟汽車相關的各種零件的構造、組成和原理。

引擎的構造

引擎就像是汽車的心臟。本節我們將以活塞引擎為例進行解說。

引擎的組成部件

引擎如同下方圖所示，是由各種零件所組成的。

在**汽缸**中注入燃料和空氣的混合氣，然後將之點燃，將其燃燒膨脹的能量從上下運動轉換成旋轉運動的機器，稱為**活塞引擎**，絕大多數的汽車使用的都是這種引擎。

得益於這些機械零件的進化，引擎的性能有了飛躍性的提升。而且，近年混合燃料和空氣的方法和將混合氣注入汽缸的時機和量，都已改由電腦（ECU：Electronic Control Unit）控制，性能比過去又提升了一大截。

■引擎的截面圖

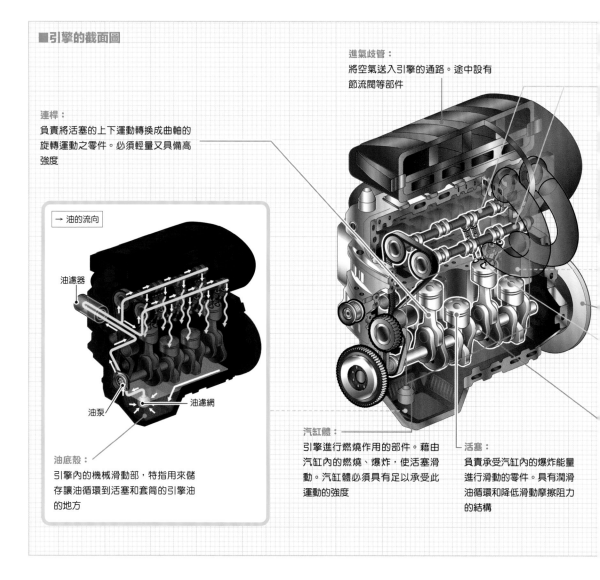

進氣歧管：
將空氣送入引擎的通路。途中設有節流閥等部件

連桿：
負責將活塞的上下運動轉換成曲軸的旋轉運動之零件。必須輕量又具備高強度

→ 油的流向

油濾器

油泵

油濾網

油底殼：
引擎內的機械滑動部，特指用來儲存讓油循環到活塞和套筒的引擎油的地方

汽缸體：
引擎進行燃燒作用的部件。藉由汽缸內的燃燒、爆炸，使活塞滑動。汽缸體必須具有足以承受此運動的強度

活塞：
負責承受汽缸內的爆炸能量進行滑動的零件。具有潤滑油循環和降低滑動摩擦阻力的結構

燃料燃燒的地方：汽缸

　　汽缸是**汽缸體**中的圓筒部分，是引擎的燃燒作用發生的地方。由於燃料和空氣的混合氣會在汽缸內爆炸，所以汽缸被造得非常堅固，足以承受爆炸的力量。由於汽缸也是活塞滑動的部分，所以被設計成**套筒結構**。爆炸時的熱和活塞滑動時產生的熱都會被釋放到汽缸體。

　　汽缸體的上面蓋著**汽缸蓋**，而汽缸蓋內部配有**吸排氣閥**以及負責開關這些汽門的**凸輪**和**凸輪軸**。

◀汽缸蓋

汽缸體▶

冷卻水套：
汽缸體內設置來讓冷卻液通過的水路

飛輪：
給予通過曲軸轉換的旋轉運動慣性，使其能夠平順地旋轉

曲軸：
將連桿固定在遠離轉軸的位置，便能將活塞的上下運動轉換成旋轉運動

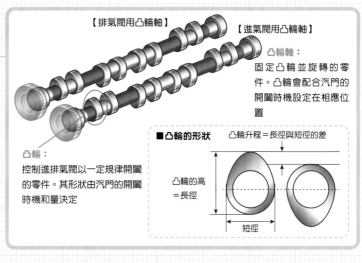

【排氣閥用凸輪軸】　　【進氣閥用凸輪軸】

凸輪軸：
固定凸輪並旋轉的零件。凸輪會配合汽門的開關時機設定在相應位置

凸輪：
控制進排氣閥以一定規律開關的零件。其形狀由汽門的開關時機和量決定

■凸輪的形狀

凸輪升程＝長徑與短徑的差

凸輪的高＝長徑

短徑

汽門：
由將混合氣送入的汽缸的進氣閥和將爆炸後的廢氣排出的排氣閥構成。開關時機由凸輪形狀決定

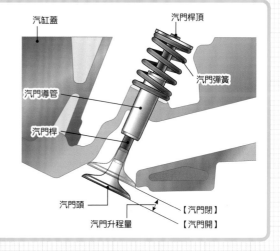

汽缸蓋

汽門桿頂

汽門彈簧

汽門導管

汽門桿

汽門頭

汽門升程量

【汽門閉】

【汽門開】

引擎的原理

混合氣的爆炸能量引起活塞的上下運動，然後再用曲軸等零件轉換成旋轉運動。

將上下運動轉換成旋轉運動

由進氣歧管吸入的空氣，跟從噴油嘴噴入的汽油混合而成的混合氣，會通過進氣閥注入汽缸中。汽缸內的混合氣會被火星塞的火花點燃，繼而燃燒、爆炸。受到爆炸產生的膨脹壓力，**活塞**會猛烈地往下降，然後在排氣後又重新往上升。這個上下運動，會透過連接活塞的**連桿**，以及固定連桿的**曲軸**，進一步轉換成旋轉運動。

活塞的上下運動是透過「進氣」、「壓縮」、「燃燒」、「排氣」這4個循環產生，而依靠這個行程運轉的引擎就叫**四行程引擎**。

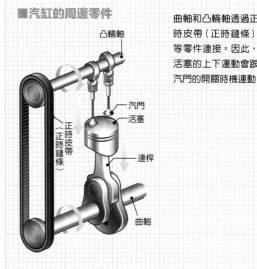

■汽缸的周邊零件

凸輪軸
汽門
活塞
正時皮帶（正時鏈條）
連桿
曲軸

曲軸和凸輪軸透過正時皮帶（正時鏈條）等零件連接。因此，活塞的上下運動會跟汽門的開關時機連動

■引擎的循環（四行程）

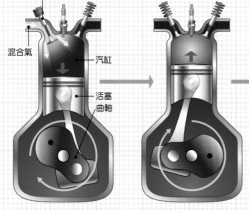

進氣閥
混合氣
汽缸
活塞
曲軸
火星塞
排氣閥
廢氣

1. 進氣行程
曲軸的旋轉運動傳遞到凸輪軸，打開進氣閥。同樣地曲軸的旋轉會使活塞下降，讓混合氣注入汽缸

2. 壓縮行程
藉由曲軸的旋轉關閉進氣閥，使活塞往上升，壓縮進入汽缸的混合氣

3. 點火（動力）行程
被壓縮的混合氣被火星塞點燃，發生燃燒、爆炸。這個爆炸的膨脹壓力會使活塞下降，猛力轉動曲軸

4. 排氣行程
透過曲軸的旋轉，打開排氣閥，排出燃燒產生的廢氣。這個排氣的動作和曲軸的旋轉會使活塞再次往上升

創造旋轉運動的零件

活塞

　　由於活塞必須承受汽缸內的爆炸能量，因此很重視強度。同時因為活塞要不斷上下滑動，為了提高滑動效率，又必須盡可能輕量化，並減少跟套筒之間的滑動摩擦。另一方面，為確保活塞跟套筒之間保持一定間隙，活塞上還會安裝活塞環。

▲活塞

連桿

　　負責連接活塞和曲軸的棒狀零件。小端部分裝在活塞上，大端部分裝在偏離曲軸之轉軸軸心的部位，將上下滑動的活塞運動傳遞給曲軸。跟活塞一樣，為提高運動效率，必須兼具輕量、高剛度以及低摩擦阻力。

◀連桿

曲軸

　　通過連桿接收活塞的上下運動，並將之轉換成旋轉運動。由於從連桿傳來的上下運動，會由偏離曲軸之轉軸軸心的部位承受，所以必須具備高剛度。曲軸的旋轉會被傳遞到飛輪等零件，變成驅動力。接著再透過正時皮帶，跟汽門的開關連動。

▲曲軸

飛輪

　　由於曲軸是靠汽缸內的爆炸來轉動，所以轉動的力量並不均勻，無法直接產生平滑的旋轉運動。因此要利用其旋轉產生的慣性，使引擎的轉速變得平順，這就是飛輪的功用。飛輪的重量愈重，慣性力愈大，引擎的轉速就愈平順，但相對地不利於突然改變轉速。因此，飛輪的重量必須考量運轉的平滑度、扭力、轉速變化等性能平衡。

飛輪的切面模型 ▶

MINI COLUMN

汽缸的排列

　　活塞引擎的1組活塞和汽缸又叫「一缸」，依照數量和排列方式分為很多種類。1～2公升的引擎通常是4缸，低排氣量的引擎則為2～3缸。大型引擎通常為6缸，轉速比較平滑，扭力也更大，但做成直列型的話會很重，體積也會太大，所以幾乎都是V型。至於水平對臥型的引擎雖然震動較少，重心也比較低，但加工較為複雜。

■汽缸排列的種類

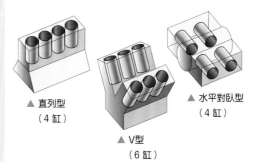

▲ 直列型
（4缸）

▲ V型
（6缸）

▲ 水平對臥型
（4缸）

汽門系統

將混合氣吸入汽缸和爆炸後排出廢氣的工作，是由汽門和凸輪完成的。

汽門的配置和運動

汽門分為將混合氣注入汽缸的進氣閥，跟將燃燒廢氣排出的排氣閥。追求高轉速、高馬力的引擎，由於必須增加注入汽缸的混合氣，並排出更多的燃燒廢氣，所以有些擁有3汽門（2個進氣閥，1個排氣閥）或4汽門（2個進氣閥，2個排氣閥）。

汽門是由跟曲軸連動的凸輪控制，而汽門打開的時機和混合氣的注入量，則由凸輪的形狀來決定。進排氣閥的開關時機稱為汽門正時；在過去，汽門正時是固定不變的，但由於不同引擎轉速最適合的汽門正時也不一樣，因此如今也存在可以依照轉速改變的可變汽門系統。

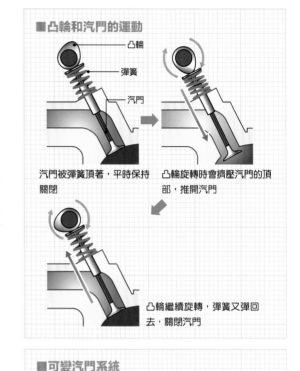

■凸輪和汽門的運動

- 凸輪
- 彈簧
- 汽門

汽門被彈簧頂著，平時保持關閉

凸輪旋轉時會擠壓汽門的頂部，推開汽門

凸輪繼續旋轉，彈簧又彈回去，關閉汽門

■4汽門的構成

- 進氣閥
- 排氣閥

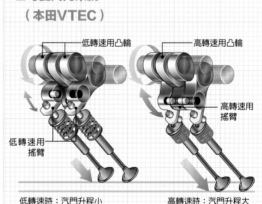

■可變汽門系統
（本田VTEC）

- 低轉速用凸輪
- 高轉速用凸輪
- 高轉速用搖臂
- 低轉速用搖臂

低轉速時：汽門升程小

高轉速時：汽門升程大

由於追求高轉速、高馬力的引擎，在高轉速時需要更多的混合氣，所以此系統設計成可在低轉速時減少汽門升程，在高轉速時提高汽門升程。此系統將低轉速用和高轉速用的2種凸輪平行排列，透過搖臂推壓汽門桿頂。在低轉速時，高轉速用凸輪推壓的搖臂會空轉；當引擎轉速提高後，油壓則會自動把活梢插入搖臂，使高轉速用的凸輪可以開關汽門

汽門系統的種類

汽門和凸輪軸等活門裝置統稱為**汽門系統**。汽門系統雖然種類有很多種，但目前以**SOHC**和**DOHC**為主流。

■SOHC
（Single Overhead Camshaft）

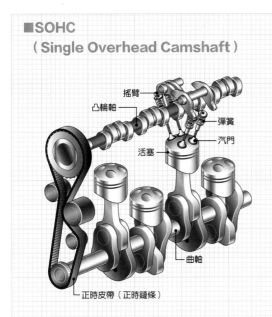

用1根凸輪軸控制汽門進排氣的方法（Single Overhead Camshaft，單頂置凸輪軸）。因為構造簡單，故成本也較低，但4汽門時構造會變複雜，故一般多用於2～3汽門的引擎

■DOHC
（Double Overhead Camshaft）

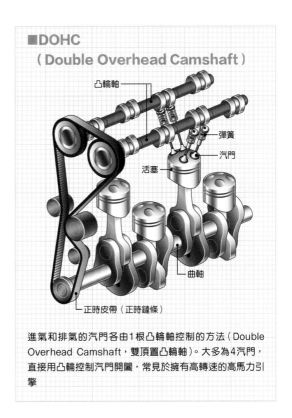

進氣和排氣的汽門各由1根凸輪軸控制的方法（Double Overhead Camshaft，雙頂置凸輪軸）。大多為4汽門，直接用凸輪控制汽門開關，常見於擁有高轉速的高馬力引擎

阿特金森循環引擎

阿特金森循環引擎是一種可提升汽缸內混合氣的燃燒效率，降低引擎油耗的技術。通常，引擎的混合氣壓縮比跟爆炸時的膨脹比是相同的，但這種引擎的膨脹比卻大於壓縮比。

其原理是在壓縮時延遲進氣閥關閉的時間，使混合氣稍微退回進氣道，用比該引擎排氣量更少的混合氣進行高壓爆炸。由於活塞的行程運動是按排氣量做功，所以燃燒效率會提高，但由於用來爆炸的混合氣比排氣量少，所以轉力也會變小。這種引擎常用於混合動力車上，用馬達來彌補轉力的不足。

■阿特金森循環的壓縮比和膨脹比

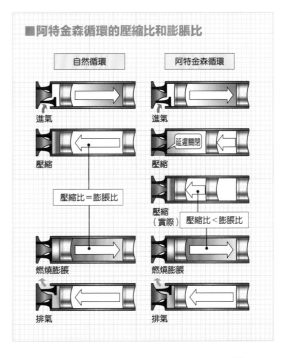

燃料噴射系統

汽油等液體燃料，會先從油箱被送到噴油嘴，再被噴入汽缸。

燃料供給的原理

為引擎供給燃料的裝置有**油箱、汽油濾清器、噴油嘴、導管**等，燃料噴射裝置的部分稱為**燃料噴射系統**。加油孔到油箱之間是由粗管，而從油箱到引擎之間則是用細管相連。

汽油會從油箱被燃料泵吸出，然後通過汽油濾清器將雜質等去除，再被送到燃料噴射裝置的噴油嘴。接著，從進氣歧管送入的空氣會與從噴油嘴噴射出來的汽油混合，調製成比例最適合的混合氣。

從吸出汽油到調製混合氣的這一系列動作，都是由電腦（ECU）控制。

■燃料噴射系統

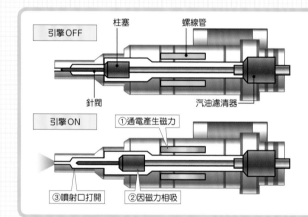

引擎OFF　柱塞　螺線管
針閥　汽油濾清器

引擎ON　①通電產生磁力
③噴射口打開　②因磁力相吸

噴油嘴：
噴油嘴是負責適量、適壓、適時將燃料噴入、擴散至汽缸蓋內的裝置。由ECU控制，會將燃料以霧狀噴入汽缸蓋各缸筒中的進氣管。跟機械式控制的化油器（1990年代前所用的燃料裝置）相比，具有高性能、高出力，且燃燒效率更低的優勢，可降低油耗和排氣量。噴油嘴由針閥、柱塞、螺線管等構成，當電流通過螺線管，便會吸引柱塞，打開噴口

活性碳罐：
活性碳罐是用來防止汽油的蒸氣釋放到大氣中的防空汙裝置。原理是讓油箱等產生的油氣通過導管進入活性碳罐，使其被活性碳吸附。在引擎運轉時，新鮮空氣會被吸入活性碳罐，使被吸附在活性碳中的油氣分離出來，再導入引擎的燃燒室中燃燒

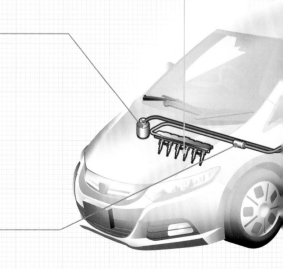

汽油濾清器：
用於過濾燃料，去除混雜在燃料中的雜質

噴油嘴的配置

噴油嘴一般配置在汽缸蓋，負責往進氣管噴射適量的燃料。被噴射出去的汽油會在**進氣管**跟空氣混合，變成混合氣後再被吸入。這種方式稱為**歧管噴射**。

相反地，也有直接將燃料噴進汽缸中的方式。這種方式叫**缸內直噴**。在燃料和空氣的比例

（空燃比）方面，通常燃料的比例愈低，則引擎的出力也愈低；但若使用這種噴射方式，即便使用均匀狀態下太過稀薄而無法燃燒的燃料比例（超稀薄空燃比）也能燃燒。

■歧管噴射和缸內直噴

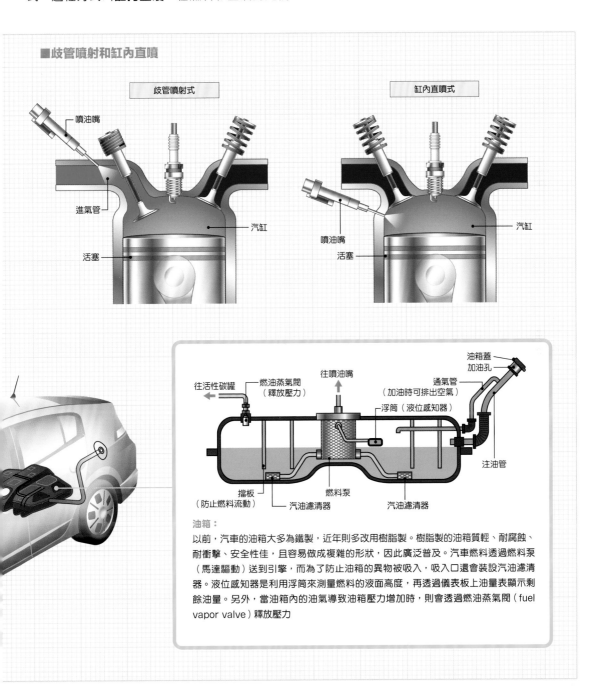

油箱：

以前，汽車的油箱大多為鐵製，近年則多改用樹脂製。樹脂製的油箱質輕、耐腐蝕、耐衝擊、安全性佳，且容易做成複雜的形狀，因此廣泛普及。汽車燃料透過燃料泵（馬達驅動）送到引擎，而為了防止油箱的異物被吸入，吸入口還會裝設汽油濾清器。液位感知器是利用浮筒來測量燃料的液面高度，再透過儀表板上油量表顯示剩餘油量。另外，當油箱內的油氣導致油箱壓力增加時，則會透過燃油蒸氣閥（fuel vapor valve）釋放壓力

點火系統

混合氣的燃燒、爆炸，是利用火星塞放出增壓的高壓電流來點燃。

引擎的點火原理

汽油等燃料會在進氣管中跟空氣混合變成混合氣，再通過汽門注入汽缸中。

而**火星塞**則扮演點燃被吸入的混合氣，使其燃燒、爆炸的角色，通常每個缸筒都會配有1個火星塞。

火星塞是藉著釋放高壓電流來點火，而負責將汽車使用的低壓電流（12V）轉換成高壓電流的零件則是**點火線圈**。

早期汽車的點火線圈是被安裝在遠離火星塞的位置，由**分配器**將電輸送到各個火星塞。現在，點火線圈直接被安裝在各火星塞上，由電腦（ECU）控制。

火星塞和點火線圈等點火裝置統稱**點火系統**。

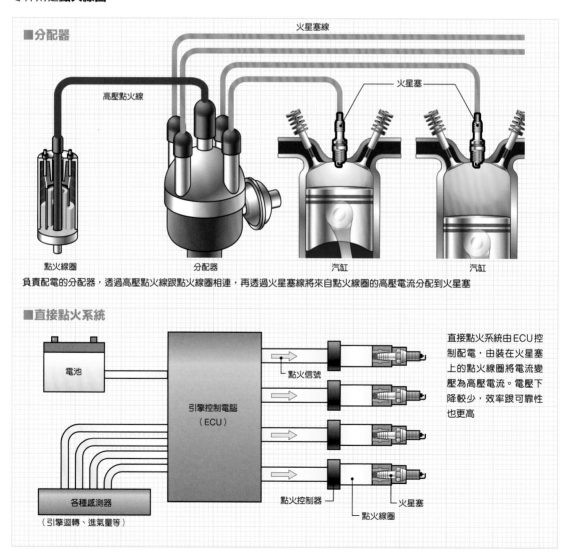

■分配器

火星塞線

高壓點火線

火星塞

點火線圈　　分配器　　汽缸　　汽缸

負責配電的分配器，透過高壓點火線跟點火線圈相連，再透過火星塞線將來自點火線圈的高壓電流分配到火星塞

■直接點火系統

電池

引擎控制電腦（ECU）

點火信號

各種感測器
（引擎迴轉、進氣量等）

點火控制器

點火線圈

火星塞

直接點火系統由ECU控制配電，由裝在火星塞上的點火線圈將電流變壓為高壓電流。電壓下降較少，效率跟可靠性也更高

點火線圈

　　點火線圈是負責將來自於汽車電池的12V電壓，轉換成火星塞釋放的高電壓（15,000～35,000V）的機器。點火線圈上有2組圈數不同的線圈，分別纏繞在1條鐵芯上；圈數少的線圈叫**初級線圈（低壓線圈）**，圈數多的線圈叫**次級線圈（高壓線圈）**。

　　電池的電壓會使電流通過初級線圈，接著再利用**互感作用**，使次級線圈產生高電壓。

■直接點火式的線圈

點火控制器
初級線圈（低壓線圈）
次級線圈（高壓線圈）
鐵芯（核）

由初級線圈、次級線圈以及點火控制器組成。點火控制器會接收電腦的信號，開關初級線圈的電流。末端裝有火星塞

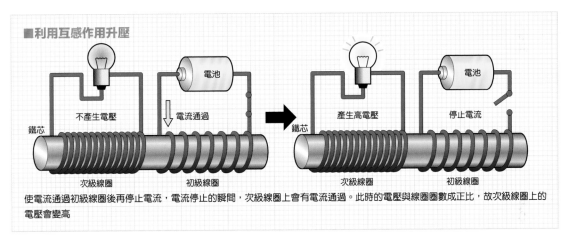

■利用互感作用升壓

鐵芯　不產生電壓　電流通過　次級線圈　初級線圈　電池

鐵芯　產生高電壓　停止電流　次級線圈　初級線圈　電池

使電流通過初級線圈後再停止電流，電流停止的瞬間，次級線圈上會有電流通過。此時的電壓與線圈圈數成正比，故次級線圈上的電壓會變高

火星塞

　　火星塞是利用高電壓通過**接地電極**和**中央電極**這2個電極間引起放電現象，藉此點燃壓縮過的混合氣。供應給火星塞的高電壓由點火線圈製造，並直接送到火星塞。

　　火星塞是由焊接接地電極的外殼、負責將電壓送到中央電極的中央導體，以及隔絕兩者的絕緣礙子等所組成。

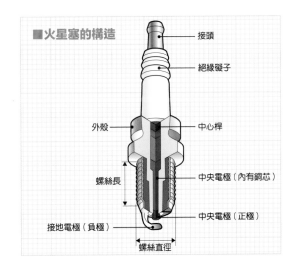

■火星塞的構造

接頭
絕緣礙子
外殼
中心桿
螺絲長
中央電極（內有銅芯）
接地電極（負極）
中央電極（正極）
螺絲直徑

進排氣裝置

汽缸的進氣和排氣，也用到了各種各樣的裝置。

進氣裝置

負責控制空氣從外面進入汽缸的裝置，就是**進氣裝置**。

被吸入的空氣在被**空氣濾清器**淨化後，會通過**進氣導管**，再由**節流閥**控制空氣量。接著，空氣會經過名為**進氣歧管**的分叉管線，被送入汽缸蓋的進氣管。最後空氣會在這裡跟被噴油嘴噴射出來的燃料混合成混合氣，進入汽缸。

■進氣裝置的組成

進氣歧管：
將空氣輸送到各汽缸的分叉管。為提高進氣效率，現在的進氣歧管都是裝有控制閥的可變進氣系統，可在引擎高轉速時通過較粗短的管線，低轉速時通過較細長的管線

低轉速時：細長的導管　　　控制閥：關

高轉速時：粗短的導管　　　控制閥：開

節流閥：
能依照油門的踩踏量開關閥門，增減進氣量，以使駕駛控制引擎轉速。現在幾乎都改為ECU控制。又叫節氣門

進氣導管：
形狀經過特別設計，使空氣能夠平順通過

空氣濾清器：
去除異物，過濾空氣。用不織布等濾材製成

進氣口：
設置在即使引擎室內溫度較低，或是在一定水深下也能正常行駛的位置

排氣裝置

將汽缸中產生的廢氣排出車外的裝置就叫**排氣裝置**。

廢氣會被集中到安裝在汽缸蓋之排氣道上的**排氣歧管**，然後由**催化轉換器**淨化，通過**排氣管**，從**消音器**排出。

汽車廢氣不只含有害物質，還是高達數百℃的高溫、高壓氣體。若以高溫、高壓的狀態直接排放到大氣，這些廢氣便會快速膨脹，產生巨大的噪音。

因此排氣裝置除了負責淨化廢氣的催化轉換器外，還裝有降低排氣噪音的消音器。廢氣消音器的消音方式分為**膨脹式**、**吸音式**、**共鳴式**共3種，而且通常會3種併用。

另外，由於排氣管會傳遞引擎的振動，因此需要透過橡膠等材料以懸吊的方式安裝在車身上。

■排氣裝置的組成

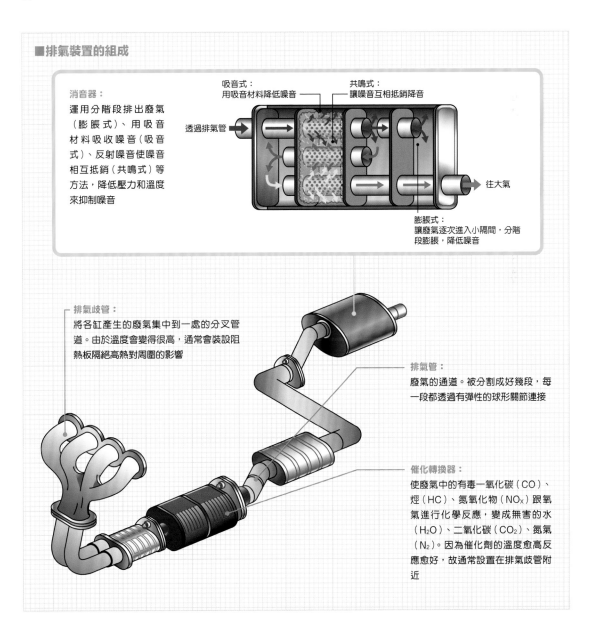

消音器：
運用分階段排出廢氣（膨脹式）、用吸音材料吸收噪音（吸音式）、反射噪音使噪音相互抵銷（共鳴式）等方法，降低壓力和溫度來抑制噪音

吸音式：
用吸音材料降低噪音

共鳴式：
讓噪音互相抵銷降音

透過排氣管

往大氣

膨脹式：
讓廢氣逐次進入小隔間，分階段膨脹，降低噪音

排氣歧管：
將各缸產生的廢氣集中到一處的分叉管道。由於溫度會變得很高，通常會裝設阻熱板隔絕高熱對周圍的影響

排氣管：
廢氣的通道。被分割成好幾段，每一段都透過有彈性的球形關節連接

催化轉換器：
使廢氣中的有毒一氧化碳（CO）、烴（HC）、氮氧化物（NO_x）跟氧氣進行化學反應，變成無害的水（H_2O）、二氧化碳（CO_2）、氮氣（N_2）。因為催化劑的溫度愈高反應愈好，故通常設置在排氣歧管附近

發動・充電裝置

汽車上還搭載了用於發動引擎的起動馬達、充電用的發電機以及電池。

引擎發動的原理

引擎是依靠**起動馬達**（starter motor）發動的。起動馬達的轉速為每分鐘50～200轉左右，雖然不同於一般的馬達，運作時間很短暫（在日本工業規格JIS中為連續運轉30秒），不過卻能夠產生強大的扭力。

近年，由於引擎發動系統已進化成改用電腦（ECU）控制，大部分的車型幾乎只要1個動作就能發動引擎。

起動馬達前端的**小齒輪**，會跟直接裝在曲軸上的**環狀齒輪**（飛輪的外周）咬合，傳遞驅動力。引擎的循環便是透過這股動力啟動。現在已出現支援怠速停止系統的起動馬達。

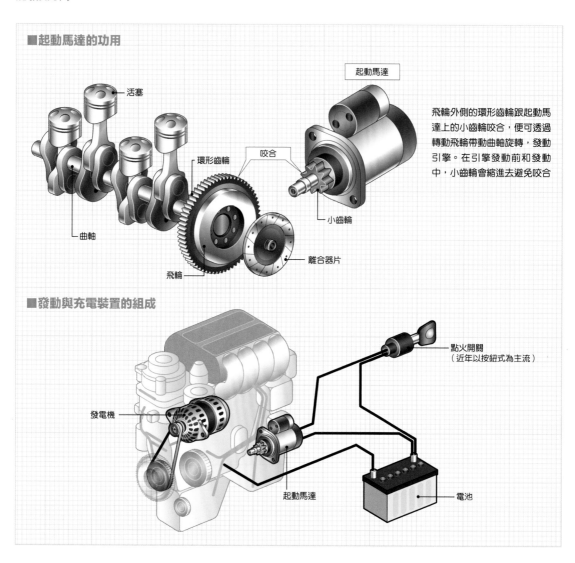

■起動馬達的功用

起動馬達

活塞

環形齒輪

咬合

小齒輪

曲軸

離合器片

飛輪

飛輪外側的環形齒輪跟起動馬達上的小齒輪咬合，便可透過轉動飛輪帶動曲軸旋轉，發動引擎。在引擎發動前和發動中，小齒輪會縮進去避免咬合

■發動與充電裝置的組成

點火開關
（近年以按鈕式為主流）

發電機

起動馬達

電池

充電裝置

　　要讓發動引擎用的起動馬達發動以及讓火星塞放電，都必須用到電力。除此之外，汽車的雨刷和車燈等各種部件也同樣需要電力。因此，汽車上會搭載**發電機**和充電用的**電池（鉛蓄電池）**。

▍發電機 ▍

　　發電機裝設在引擎的外壁。其英文全稱為alternating current generator，故又縮寫為ACG。

　　皮帶輪會透過皮帶跟曲軸的旋轉連接，以這個旋轉運動作為動力源發電。發電產生的交流電會被轉換成直流電，儲存在電池或電容器中。

　　近年，這個驅動力也被用來當成引擎的輔助，或是用於動能回收系統（→ p.99），例如現在常聽到的混合動力車（輕混合動力）。

▲輕混合動力車用的發電機。除了發電外，還兼具輔助引擎的驅動馬達和汽車重新啟動時的起動馬達的功能　　　　　　（照片提供：鈴木汽車）

▍電池（鉛蓄電池）▍

　　鉛蓄電池負責儲存發電機產生的電。鉛蓄電池由稀硫酸電解液、二氧化鉛（正極）板、鉛（負極）板組成。其原理是利用稀硫酸和鉛的化學反應來蓄電或放電。一般的乘用車上使用的是DC12V的電池。

　　鉛蓄電池可在短時間內釋放大電流，可在各種環境下發揮穩定的性能。同時，這種電池易於處理，對於衝擊的耐性很強，發生故障時的意外風險（爆炸、火災）也很低。

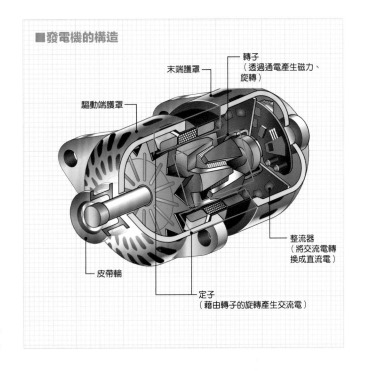

■發電機的構造

末端護罩
轉子（透過通電產生磁力、旋轉）
驅動端護罩
整流器（將交流電轉換成直流電）
皮帶輪
定子（藉由轉子的旋轉產生交流電）

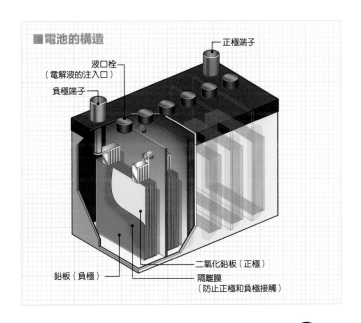

■電池的構造

正極端子
液口栓（電解液的注入口）
負極端子
二氧化鉛板（正極）
鉛板（負極）
隔離膜（防止正極和負極接觸）

冷卻裝置和增壓器

汽車上也裝有冷卻引擎高溫的裝置和提高引擎出力的裝置。

引擎的冷卻原理

由於引擎會在汽缸內引爆混合氣，故運轉時的溫度非常高。所以，汽缸體中裝有讓**冷卻液**通過的**冷卻水套**，在其中循環的冷卻液會吸收引擎的熱量，讓引擎冷卻。

通過引擎內部變熱的冷卻液，接著會再通過導管導向**散熱器**冷卻。散熱器是用於發散冷卻液熱量的裝置。

冷卻液中混有可防止其結凍，降低其結凍溫度的防凍劑。防凍劑中還含有具防鏽、防腐的成分。

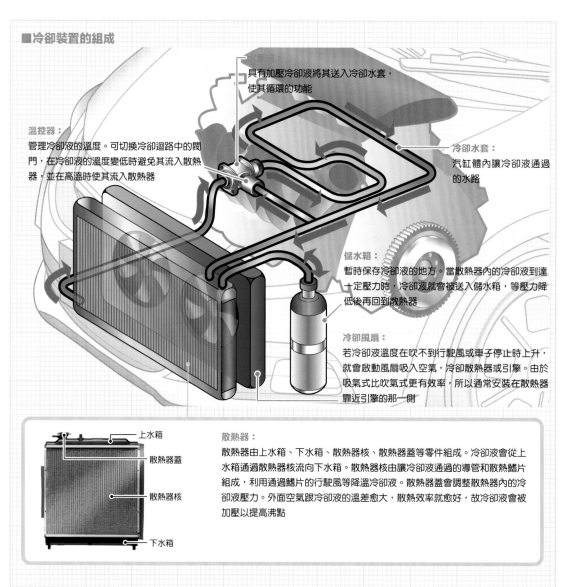

■冷卻裝置的組成

具有加壓冷卻液將其送入冷卻水套，使其循環的功能

溫控器：
管理冷卻液的溫度。可切換冷卻迴路中的閥門，在冷卻液的溫度變低時避免其流入散熱器，並在高溫時使其流入散熱器

冷卻水套：
汽缸體內讓冷卻液通過的水路

儲水箱：
暫時保存冷卻液的地方。當散熱器內的冷卻液到達一定壓力時，冷卻液就會被送入儲水箱，等壓力降低後再回到散熱器

冷卻風扇：
若冷卻液溫度在吹不到行駛風或車子停止時上升，就會啟動風扇吸入空氣，冷卻散熱器或引擎。由於吸氣式比吹氣式更有效率，所以通常安裝在散熱器靠近引擎的那一側

上水箱
散熱器蓋
散熱器核
下水箱

散熱器：
散熱器由上水箱、下水箱、散熱器核、散熱器蓋等零件組成。冷卻液會從上水箱通過散熱器核流向下水箱。散熱器核由讓冷卻液通過的導管和散熱鰭片組成，利用通過鰭片的行駛風等降溫冷卻液。散熱器蓋會調整散熱器內的冷卻液壓力。外面空氣跟冷卻液的溫差愈大，散熱效率就愈好，故冷卻液會被加壓以提高沸點

提高引擎出力的增壓器

　　燃燒引擎所用的燃料需要空氣。引擎的出力則由送入汽缸的混合氣量決定，而其極限就是引擎的總排氣量。

　　然而，若是壓縮空氣，便能將超過總排氣量的混合氣送入引擎，燃燒更多的燃料，提高引擎的出力。而負責做這件事的裝置就叫**增壓器**，分為**渦輪增壓**和**機械增壓**2種。

　　以前的跑車用引擎是為了提高出力而裝載增壓器，而近年增壓器則被當成減少引擎總排氣量，或是在加速或爬陡坡時利用增壓器取得足夠馬力，降低整體油耗的技術使用。

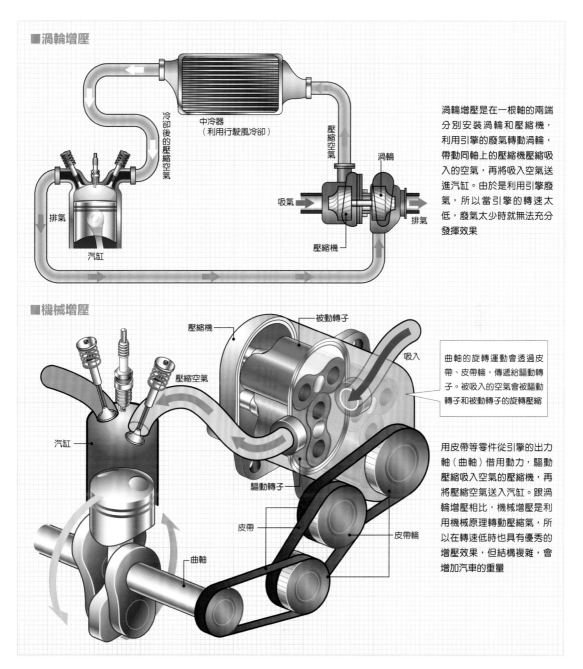

■渦輪增壓

冷卻後的壓縮空氣

中冷器
（利用行駛風冷卻）

壓縮空氣

渦輪

吸氣

排氣

排氣

汽缸

壓縮機

渦輪增壓是在一根軸的兩端分別安裝渦輪和壓縮機，利用引擎的廢氣轉動渦輪，帶動同軸上的壓縮機壓縮吸入的空氣，再將吸入空氣送進汽缸。由於是利用引擎廢氣，所以當引擎的轉速太低，廢氣太少時就無法充分發揮效果

■機械增壓

壓縮機

被動轉子

吸入

壓縮空氣

汽缸

驅動轉子

皮帶

皮帶輪

曲軸

曲軸的旋轉運動會透過皮帶、皮帶輪，傳遞給驅動轉子。被吸入的空氣會被驅動轉子和被動轉子的旋轉壓縮

用皮帶等零件從引擎的出力軸（曲軸）借用動力，驅動壓縮吸入空氣的壓縮機，再將壓縮空氣送入汽缸。跟渦輪增壓相比，機械增壓是利用機械原理轉動壓縮氣，所以在轉速低時也具有優秀的增壓效果，但結構複雜，會增加汽車的重量

變速器①MT

為了將引擎的旋轉動力傳遞給輪胎，汽車還需要變速器和離合器等裝置。

手動變速箱（MT）

汽車在啟動時和行駛時，所需要的馬力並不一樣。因此，必須依照不同情況改變轉速，以取得足夠的輪胎轉力（扭力），而負責完成這件事的零件就稱為**變速器**。用手動方式變速的稱為**手動變速箱**（Manual Transmission, MT），這種變速系統通常是依照變速段數裝設不同減速比的齒輪組，再透過**離合器**連接引擎。

一般手動變速的變速段數為4～6檔＋倒車檔1檔，並用排檔桿進行變速。

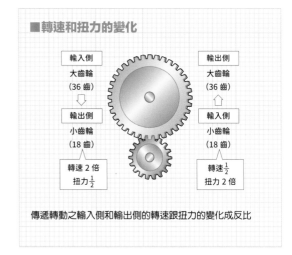

■轉速和扭力的變化

輸入側		輸出側
大齒輪（36齒）		大齒輪（36齒）
⇩		⇧
輸出側		輸入側
小齒輪（18齒）		小齒輪（18齒）
轉速2倍 扭力½		轉速½ 扭力2倍

傳遞轉動之輸入側和輸出側的轉速跟扭力的變化成反比

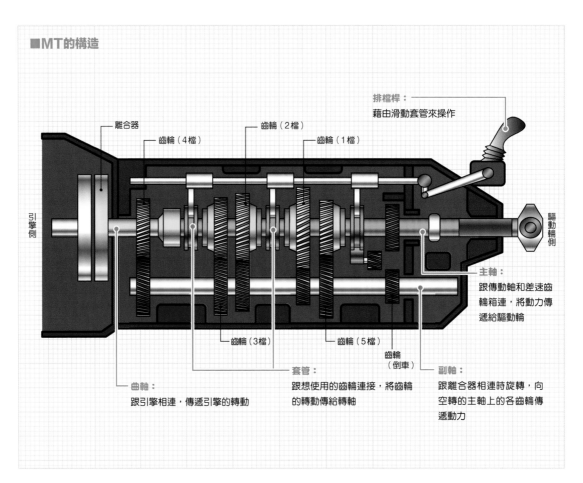

■MT的構造

排檔桿：
藉由滑動套管來操作

離合器

齒輪（4檔）

齒輪（2檔）

齒輪（1檔）

引擎側

驅動輪側

主軸：
跟傳動軸和差速齒輪箱連，將動力傳遞給驅動輪

齒輪（3檔）

齒輪（5檔）

齒輪（倒車）

曲軸：
跟引擎相連，傳遞引擎的轉動

套管：
跟想使用的齒輪連接，將齒輪的轉動傳給轉軸

副軸：
跟離合器相連時旋轉，向空轉的主軸上的各齒輪傳遞動力

離合器

　　用MT進行變速時，必須先暫時分離引擎和變速器，讓齒輪變成空轉的狀態。所以在引擎和變速器之間，會有一個控制傳動離合狀態的離合器，而離合器則由離合器踏板控制。以上所有操作都由駕駛者執行，尤其在汽車發動時必須能熟練操作油門和離合器。

　　離合器可藉由與**離合器片**和**飛輪**連接或分離，來切斷或連接傳動系統。由於連接狀態時，引擎和驅動系統是以機械方式直接連結，故傳動效率很好。

■離合器的組成

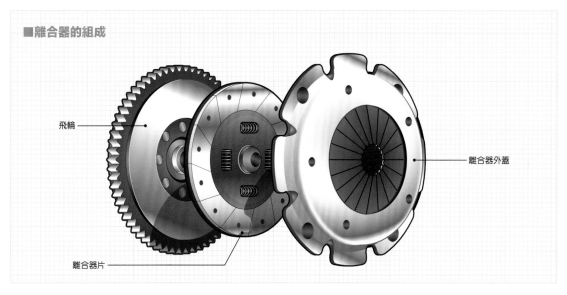

飛輪

離合器外蓋

離合器片

■離合器的切換

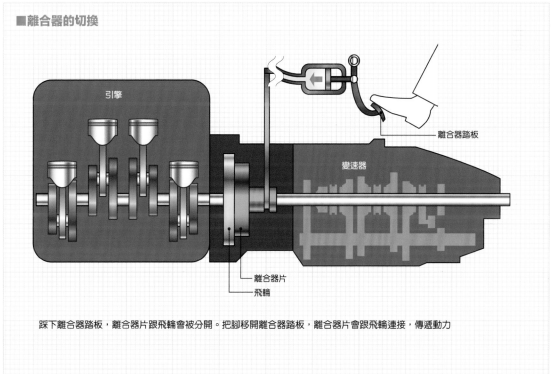

引擎

離合器踏板

變速器

離合器片

飛輪

踩下離合器踏板，離合器片跟飛輪會被分開。把腳移開離合器踏板，離合器片會跟飛輪連接，傳遞動力

變速器② AT

AT可自動完成變速器改變轉速，以及離合器離合動力傳遞的動作。

自動變速箱（AT）

MT是以手動方式進行變速，所以駕駛者必須熟練變速的操作；而**自動變速箱（Automatic Transmission, AT）**則能夠自動完成變速，可以減少駕駛的操作步驟。

現在的AT車大多採用扭力轉換式自動變速系統，主要由**扭力轉換器**和被稱為**行星齒輪**的副變速器組成。這些裝置都由ECU和油壓等控制，並執行自動變速。

扭力轉換器兼具MT的離合器和扭力增幅的功能，負責將引擎的動力傳遞給副變速器。

■AT的組成

扭力轉換器　變速機構（行星齒輪等）

引擎側　驅動輪側

油壓控制機構

扭力轉換器

扭力轉換器是透過被稱為**自動變速箱油**的液體將引擎動力傳遞給副變速器。由輸入側的**泵葉輪**，以及輸出側的**渦輪葉輪**、**定子**組成，當泵葉輪轉動時，變速箱油會被送入渦輪葉輪，使渦輪葉輪轉動。即使是在煞車啟動的狀態，泵葉輪跟渦輪葉輪之間的變速箱油也會滑動，產生摩擦，使引擎持續轉動。因此，只要鬆開煞車，即使沒有踩油門，汽車也會緩緩前進（**蠕變現象**）。

另外，輸入側和輸出側的轉速差會產生扭力的增幅作用。這就是為什麼汽車在發動時，能產生比引擎轉速更高的扭力。

■扭力轉換器的原理

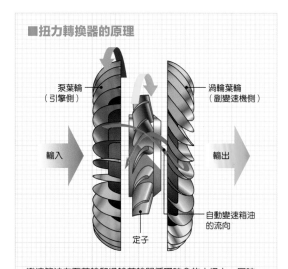

泵葉輪（引擎側）　渦輪葉輪（副變速機側）

輸入　輸出

定子　自動變速箱油的流向

變速箱油在泵葉輪和渦輪葉輪間循環時會放大扭力。同時，由於輸入側和輸出側之間存在液體，故動作具有柔軟性，成為一種自動離合器。也有某些AT具有當轉速提升，泵葉輪和渦輪葉輪的轉速一致時，使兩者直接相連，直接傳遞引擎轉動的機械結構（鎖定模式）

行星齒輪

扭力轉換器辦不到的細微變速，就由副變速器的行星齒輪來完成。1組行星齒輪單元由中央的**太陽齒輪**、外圍的**外齒輪（環狀齒輪）**、配置在太陽齒輪和外齒輪之間的**行星齒輪**、以及傳遞行星齒輪公轉運動的**行星架**這4個零件組成。

藉由固定這些組件，或是改變輸出、輸入，即可進行變速或倒退。行星齒輪式的副變速器是由油壓控制，而自動變速箱（AT）中也設有油壓控制機構。

■行星齒輪的構造

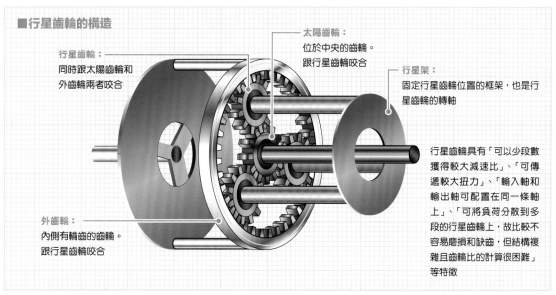

行星齒輪：
同時跟太陽齒輪和外齒輪兩者咬合

太陽齒輪：
位於中央的齒輪。跟行星齒輪咬合

行星架：
固定行星齒輪位置的框架，也是行星齒輪的轉軸

外齒輪：
內側有輪齒的齒輪。跟行星齒輪咬合

行星齒輪具有「可以少段數獲得較大減速比」、「可傳遞較大扭力」、「輸入軸和輸出軸可配置在同一條軸上」、「可將負荷分散到多段的行星齒輪上，故比較不容易磨損和缺齒，但結構複雜且齒輪比的計算很困難」等特徵

■行星齒輪的原理

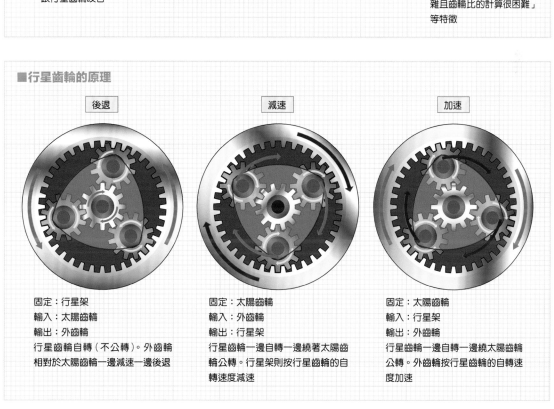

後退	減速	加速
固定：行星架 輸入：太陽齒輪 輸出：外齒輪 行星齒輪自轉（不公轉）。外齒輪相對於太陽齒輪一邊減速一邊後退	固定：太陽齒輪 輸入：外齒輪 輸出：行星架 行星齒輪一邊自轉一邊繞著太陽齒輪公轉。行星架則按行星齒輪的自轉速度減速	固定：太陽齒輪 輸入：行星架 輸出：外齒輪 行星齒輪一邊自轉一邊繞太陽齒輪公轉。外齒輪按行星齒輪的自轉速度加速

變速器③ CVT 和 DCT

除了MT和AT外，近年很多車也開始採用以行駛平順性為目的的CVT和DCT。

CVT（無段變速箱）

CVT（無段變速箱，Continuously Variable Transmission）是以兼顧高扭力、高馬力和低油耗為目標設計的變速系統。MT和AT使用齒輪進行分段式的變速，而CVT則使用**滾輪**和**皮帶（鏈條）**進行無段式變速（**皮帶式CVT**）。這是一種用皮帶或鏈條連接2個滾輪，藉著連續無階段改變滾輪溝幅來變速的構造。由於傳動效率優秀，且可有效運用高扭力的引擎轉速，故可兼顧高扭力、高馬力以及低油耗。同時，由於可以連續調節引擎的轉速和減速比，所以行駛會更平順。

近年，為了減少皮帶或鏈條的負荷和彌補啟動時的扭力，愈來愈多廠商在CVT中組合扭力轉換器。雖然增加了成本和重量，但也兼顧了油耗和行駛體驗。

■皮帶式CVT的構造

傳遞動力到驅動輪的輸出側滾輪

金屬皮帶

承接引擎動力的輸入側滾輪

◀CVT的主流是皮帶式CVT。藉由調整2個滾輪的間隔寬窄，改變皮帶跟滾輪接觸的圓直徑，實現無階段地改變減速比

■皮帶式CVT的原理

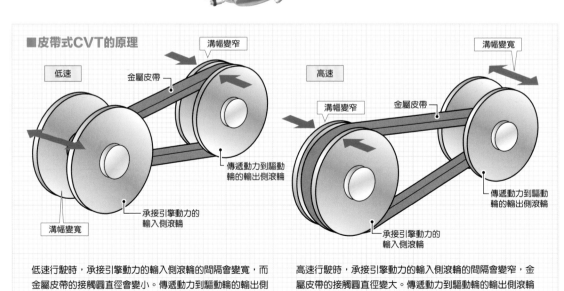

溝幅變窄

低速

金屬皮帶

傳遞動力到驅動輪的輸出側滾輪

承接引擎動力的輸入側滾輪

溝幅變寬

高速

溝幅變寬

溝幅變窄

金屬皮帶

傳遞動力到驅動輪的輸出側滾輪

承接引擎動力的輸入側滾輪

低速行駛時，承接引擎動力的輸入側滾輪的間隔會變寬，而金屬皮帶的接觸圓直徑會變小。傳遞動力到驅動輪的輸出側滾輪間隔會變窄，金屬皮帶的接觸圓直徑會變大

高速行駛時，承接引擎動力的輸入側滾輪的間隔會變窄，金屬皮帶的接觸圓直徑變大。傳遞動力到驅動輪的輸出側滾輪間隔變寬，金屬皮帶的接觸圓直徑變小

DCT（雙離合器變速箱）

DCT（雙離合器變速箱，Dual Clutch Transmission）的構造，跟MT一樣是由離合器和齒輪組成。然而，DCT的離合器是2個自動離合器，且主軸分成奇數檔和偶數檔2個系統，藉由提前設定好下一檔的齒輪，讓離合器自動交互連接，可以實現快速變速。同時，由於齒輪是以機械方式咬合，故有傳動效率優秀、油耗低的特色。因為DCT可以像MT那樣實現具直覺感的加速，油耗也很出色，故近年愈來愈多汽車採用。

雖然**半AT**也同樣是使離合器自動化的變速系統，但這種系統只有1個離合器，所以變速時會有一瞬間扭力無法傳遞到車輪（**扭力斷裂**）。

■DCT的構造

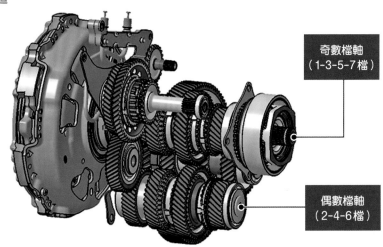

奇數檔軸
（1-3-5-7檔）

偶數檔軸
（2-4-6檔）

DCT有如2個MT組合而成，擁有2個分成奇數檔和偶數檔的離合器和主軸

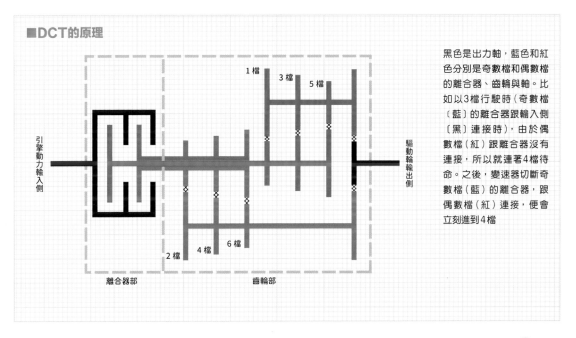

■DCT的原理

1檔　3檔　5檔

引擎動力輸入側

驅動輪輸出側

2檔　4檔　6檔

離合器部　　　　齒輪部

黑色是出力軸，藍色和紅色分別是奇數檔和偶數檔的離合器、齒輪與軸。比如以3檔行駛時（奇數檔〔藍〕的離合器跟輸入側〔黑〕連接時），由於偶數檔（紅）跟離合器沒有連接，所以就連著4檔待命。之後，變速器切斷奇數檔（藍）的離合器，跟偶數檔（紅）連接，便會立刻進到4檔

底盤① 構造

底盤構造有各種各樣的形式。這裡將以最具代表性的FF驅動的底盤為例進行解說。

基本組成部件「底盤」

底盤（chassis）一詞隨著車體構造的變化，其意義範圍也在不斷改變。

原本，底盤是指樑框的意思，最早期是將引擎、變速器、驅動軸、懸吊系統、輪胎、轉向系統等這些安裝在樑框上的「汽車基本組成部件」合稱為底盤。

後來，各家車廠開始使用同樣的底盤，生產不同外觀、不同名字的汽車，於是底盤一詞逐漸變成平台的概念。

而在乘用車的車體結構改為一體成型的單體式結構後，樑框消失，這些底盤零件則改為直接安裝在車身上。

在這之後，底盤的範圍就變成將引擎、變速器的動力傳遞給輪胎的驅動系統，加上輪胎上的懸吊系統以及轉向系統，甚至延伸到排氣系統，但仍然沒有明確的定義。

現在，汽車平台一詞，正確來說也包含了連接著底盤的車身零件，但由於車身一詞有時又包含連接了懸吊系統的車體部分，甚至車內地板的部分，有很多不同的定義，所以在概念上汽車平台通常是指車身和驅動系統。

■樑框式結構的底盤

在樑框式結構中，底盤指的是用來安置引擎、變速器等底盤零件的底座。在裝上座椅後，甚至可以只靠底盤來行駛。即使是現在，由於卡車等車種有強度上的需求，所以有些仍保留樑框式結構

引擎

變速器

FF驅動車的底盤零件

以FF驅動車來說，底盤零件大致分成前輪部分和後輪部分。主要的零件包含引擎、變速器、驅動軸、懸吊系統、輪胎、輪圈、轉向系統、煞車等等。

前輪部分是以一個小框架為基底，在其上安裝懸吊系統、驅動軸、轉向系統等零件。

■FF驅動車的底盤主要組成零件

轉向系統

輪胎

輪圈

懸吊系統

煞車

驅動軸

底盤② 傳動系統

負責將動力傳遞到驅動輪的零件，包含差速齒輪和驅動軸等。

將動力傳給輪胎的驅動系統

將引擎的動力傳給驅動輪的驅動系統組件統稱**傳動系統**。除了變速器之外，還包含**驅動軸**（drive shaft）和**差速齒輪**（differential gear），FR驅動車的話還要加上**傳動軸**。

由於FF驅動車的差速齒輪組合在變速箱內，所以動力是直接從變速器傳給驅動軸。驅動軸就是最終將轉動傳給驅動輪的轉軸。

而對於FR驅動車，由於驅動輪是後輪，所以還需要一個將動力傳遞到後輪的傳動軸。傳動軸連接著安置在後輪側的差速齒輪，動力會在此分割成左右兩邊傳給驅動軸。

▌終傳齒輪和差速齒輪▐

要使汽車動起來需要極大的扭力。而扭力會隨引擎轉速降低而增加，所以在動力通過變速器後，會逐級地減速，並在終傳齒輪做最後的減速。終傳齒輪由驅動小齒輪和環狀齒輪組成，一般跟差速齒輪是一體的。

差速齒輪的功能是在汽車迴轉時，使左右輪胎擁有不同的轉速。汽車在迴轉的時候，由於外側輪胎的移動距離比內側輪胎更長，所以必須使外側輪胎轉得比較快，使內側輪胎轉得比較慢。

■FR驅動車的傳動系統

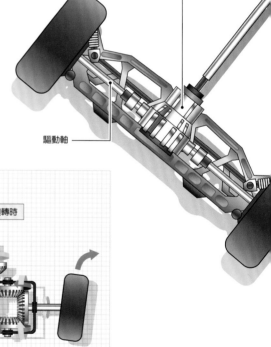

差速齒輪

驅動軸

■差速齒輪的原理

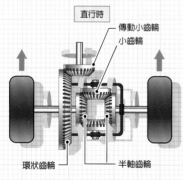

直行時

傳動小齒輪
小齒輪

環狀齒輪　　半軸齒輪

左右輪胎受到的地面摩擦阻力相同，故小齒輪公轉，環狀齒輪的轉動直接傳給半軸齒輪。左右輪胎的轉速相同

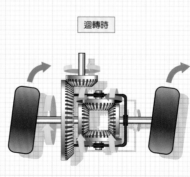

迴轉時

左右輪胎受到的地面摩擦阻力有差距。故小齒輪自轉，在半軸齒輪作用下，外側輪胎的轉速較快，內側輪胎的轉速較慢

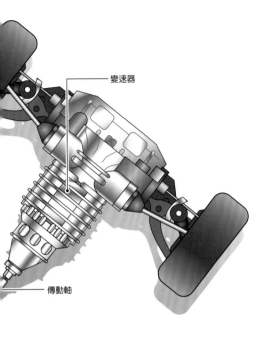

變速器

傳動軸

▌傳動軸 ▌

　　傳動軸是FR驅動車上用來將動力從變速器傳給差速齒輪的零件。在輕量的同時，又必須兼顧扭轉剛度和彎曲強度，故一般為鋼管結構。變速器和差速齒輪的接觸部分，由於必須應付行駛時的振動造成的轉軸角度變化，所以安裝了萬向軸。當傳動軸需要做得比較長時，會分割成數段，中間用軸承支撐車身。

　　近年為了輕量化目的，也有車型採用碳纖維強化樹脂製的傳動軸。

■傳動軸的結構

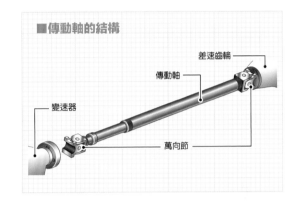

差速齒輪

傳動軸

變速器

萬向節

▌驅動軸 ▌

　　驅動軸是指將動力最終傳遞給驅動輪的轉軸，跟差速齒輪組中的半軸齒輪連接。在FF驅動車上，動力從位於變速器內的差速齒輪傳給前輪輪轂；在FR驅動車上，動力從位於後輪左右中央的差速齒輪傳給後輪輪轂。由於連接車輪的驅動軸必須上下運動或伸縮，故兩端裝有等速萬向節。由於轉軸部分必須具備高扭轉強度和剛度，所以不是中空而是實心鋼棒。

■驅動軸範例

▲驅動軸
驅動軸是由裝在兩端的等速萬向節和中間的轉軸組成。照片左側連接輪轂，右側連接差速齒輪　　（照片提供：NKN株式會社）

MINI COLUMN

連接輪胎周圍的車輪轉向節

　　車輪轉向節是負責連接固定在輪圈上的輪轂、懸吊機構和避震器、拉桿端頭的零件，用以支撐車輪。負責將動力傳給輪轂的驅動軸，是從轉向節的內側通過連接輪轂。

　　另外，煞車也是裝在轉向節上。由於轉向節連接著輪胎周圍的各種零件，而且此部分必須承受車體的重量，所以做得非常堅固。

■轉向節周邊的零件

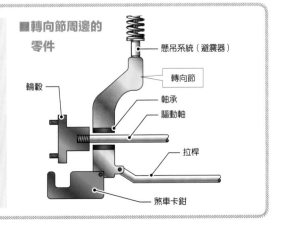

懸吊系統（避震器）

轉向節

輪轂

軸承

驅動軸

拉桿

煞車卡鉗

底盤③ 輪胎

輪胎是最終將汽車的「行駛、轉彎、停止」等行為傳遞到路面的部分。對於行車安全性而言是非常重要的零件。

輪胎的功能和構造

輪胎具有支撐搭乘者、行李以及汽車本體重量的**負重支撐功能**；將啟動和加速的動力以及煞車的力量傳給路面的**制動、驅動功能**；吸收、緩和行駛時來自路面的衝擊的**緩衝功能**；讓汽車朝駕駛者想去的方向前進，並保持路徑的**行進方向維持功能**。大致具有這4種功能。

必須高速轉動並承受高熱、撞擊、變形的輪胎，必須同時兼顧強韌性和柔軟性，其結構除了橡膠之外，還組合了金屬線、纖維等複雜的成分。同時，輪胎跟路面接觸的部分刻有名為**胎面花紋**的紋路，除了能將驅動力、制動力傳遞給路面外，還能減少打滑、側滑，提升操縱穩定性。此外，輪胎也對油耗有很大影響。

■胎面花紋

肋型：
適合在良路（鋪裝路、高速公路）行駛的類型，直線穩定性、排水性等的平衡很好，一般多為這種類型

爪型：
適合在惡路（非鋪裝路）行駛的類型，驅動力、制動力高，多為吉普車等車型使用

格型：
適合在冰雪路或惡路行駛的類型，驅動力、制動力很高，也適合用於全季節輪胎

■輪胎的構造

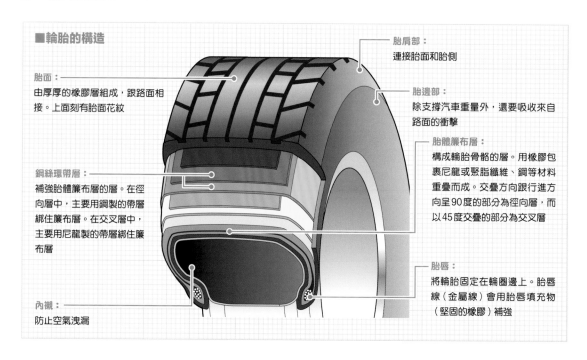

胎肩部：
連接胎面和胎側

胎面：
由厚厚的橡膠層組成，跟路面相接。上面刻有胎面花紋

胎邊部：
除支撐汽車重量外，還要吸收來自路面的衝擊

胎體簾布層：
構成輪胎骨骼的層。用橡膠包裹尼龍或聚脂纖維、鋼等材料重疊而成。交疊方向跟行進方向呈90度的部分為徑向層，而以45度交疊的部分為交叉層

鋼絲環帶層：
補強胎體簾布層的層。在徑向層中，主要用鋼製的帶層綁住簾布層。在交叉層中，主要用尼龍製的帶層綁住簾布層

胎唇：
將輪胎固定在輪圈邊上。胎唇線（金屬線）會用胎唇填充物（堅固的橡膠）補強

內襯：
防止空氣洩漏

輪胎的種類

輪胎分為裡面塞有內胎的**內胎式輪胎**，跟沒有內胎的**無內胎輪胎**，但最近的乘用車幾乎都是無內胎輪胎。

除此之外，還有冰雪路面用的**無釘雪地胎**和抗爆胎的**防爆胎**。

▍無內胎輪胎▍

輪胎內部貼有俗稱內襯的橡膠墊，代替內胎的功能，可防止空氣外洩。行駛時就算壓到釘子而爆胎，也不會一下子大量漏氣，故比較不容易突然打滑失控。

▍無釘雪地胎▍

無釘雪地胎是冰雪路面用的輪胎。雪胎的橡膠為了在嚴酷的冰雪路面上維持性能，在低溫下也能保持柔軟性。同時，為了去除冰上的水膜，胎面花紋上還刻有極細微的凹槽，運用了各種各樣的巧思。

▍防爆胎▍

為了在爆胎時也不會扁掉，胎邊部經過補強，即便在爆胎時也能用80km/h的速度繼續行駛80km左右的輪胎。因為駕駛有可能在沒發現爆胎的情況下以超過80km/h的速度行駛，或是爆胎後持續行駛超過80km，故車上必須搭配可在爆胎時偵測出氣壓異常的「胎壓監測系統」。

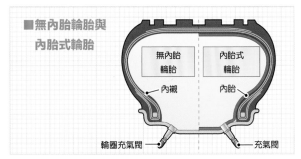

■無內胎輪胎與內胎式輪胎

無內胎輪胎　內胎式輪胎

內襯　　　　內胎

輪圈充氣閥　　　　充氣閥

◀無釘雪地胎的胎面花紋

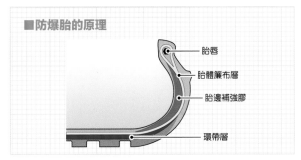

■防爆胎的原理

胎唇

胎體簾布層

胎邊補強膠

環帶層

MINI COLUMN

輪胎尺寸表示法

標示輪胎尺寸的方法有很多種，這裡介紹一般乘用車的表示方法。

195 ／ 60 R 14 86 H
① 　②③④⑤⑥

①寬度：輪胎的寬度，用mm表示。
②扁平比：輪胎高度對輪胎截面積的比（輪胎高度÷輪胎寬度×100）。乘用車一般為40〜70%。
③結構：R代表徑向層，—代表交叉層。
④輪圈直徑：輪圈的直徑，用英寸表示。
⑤荷重指數：荷重指數，代表1個輪胎可支撐的最大重量。
⑥速限指數：表示最高可行駛速度的符號。H代表210km/h。

寬度

輪圈直徑（輪胎內徑）

輪胎外徑

輪胎高度

底盤④ 輪圈

輪圈是支撐輪胎的框體，跟輪胎一起構成了車輪。

輪圈的功能與構造

輪圈負責為輪胎固形，跟輪胎一起承受汽車的重量。同時，也負責將驅動軸的轉動傳遞給輪胎。輪圈具有耐衝擊和耐疲勞特性，不會輕易變形，另外在設計上展現出色的時髦感也是一大功用。

輪圈的重量愈輕則輪胎整體的運動性愈好，所以輕量化對輪圈很重要。

輪圈大致由 2 個結構組成。一個是用螺絲固定輪轂和輪圈，同時支撐輪框的**盤面**，另一個是維持輪胎形狀的**輪框**。

鋼製輪圈的盤面和輪框一般是**2 片式結構**，而鋁製輪圈等有時可看到**3 片式結構**。

■輪圈的構造

盤面　　　　輪框

盤面　　　　　　輪框

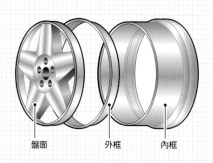

盤面　　　外框　　　內框

1 片式構造：
輪框和盤面一體成型。跑車上常見的輪框構造。製作精度高而且輕量

2 片式構造：
輪框和盤面焊接而成的構造。最近的主流，盤面的設計和輪圈偏距值的自由度都很高

3 片式構造：
用輪圈螺栓固定外框、內框、盤面後組裝而成的結構。設計的自由度最高

輪框：
負責裝上並維持輪胎形狀的部分

盤面：
用螺栓固定驅動軸尾端的輪轂，跟輪圈連接的部分。同時，也負責支撐輪框

▲輪圈

輪圈的種類

輪圈可依照材質分類。大致分為**鋼製輪圈**和**輕合金輪圈**2種。

輕合金輪圈則包含有**鋁製輪圈**和**鎂合金輪圈**等類型。

▌鋼製輪圈▐

和鋁製輪圈相比，鋼製輪圈更為便宜。其製作過程是透過沖壓將鋼板塑形成盤面，再將盤面跟輪框部分焊接。另外，也有輪框跟盤面一體成型的加工法。鋼製輪圈的重量比輕合金圈更重。很多鋼製輪圈會加上雕飾過的輪轂蓋。

▲鋼製輪圈

▌鋁製輪圈▐

作為車輪組成元素的鋁製輪圈，其輪框、輻條、輪轂通常全部或大部分由鋁合金製造。結構有1片式、2片式、3片式，愈後者的價格愈高，重量愈輕。製造方法分為鑄造和鍛造，鍛造的鋁圈更輕，強度更優秀，但價格也更貴。

▲鋁製輪圈

▌鎂合金輪圈▐

鎂合金輪圈的重量比鋁製輪圈更輕，有助提高行駛性能和降低油耗。然而由於價格昂貴且不易保養，因此在一般車輛上並不普及。部分的競賽用車上會使用鎂合金輪圈。

▲鎂合金輪圈

（照片提供：株式會社RAYS）

MINI COLUMN

輪圈尺寸的表示方法

以下介紹一般乘用車的輪圈尺寸表示方法。

18 × 7.5 J 5 − 114.3 + 50
① ②③④ ⑤ ⑥

①直徑：以英寸表示輪框直徑。輪框直徑可跟內徑相同的輪胎組裝。

②寬度：以英寸表示輪框寬度。小數點以下以1/2表示時就是0.5英寸的意思。可裝上規定之適用寬度的輪胎。

③圈耳形狀：輪框邊緣的形狀，以J、JJ、B等規格表示。若一個輪框的輪圈寬度為某某J，就代表某某英寸的J圈耳形狀之意。

④孔數（HOLE）：代表螺絲孔的孔數。

⑤P.C.D.（Pitch Circle Diameter）：所有螺絲孔的中心圍成的圓直徑（螺孔間的距離），以mm表示。

⑥偏距值：輪框的中心線到輪轂安裝面的距離，以mm表示。在中心線外側為＋，在內側為－。

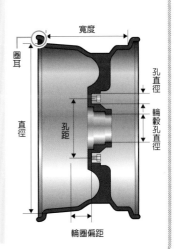

底盤⑤ 懸吊系統（前輪）

懸吊系統是關乎舒適度和操縱穩定性的重要零件。

懸吊系統的原理

懸吊系統具有能夠讓路面的凹凸不平較不會傳遞給車體的緩衝功能，以及決定車輪和車軸的位置，提升車輪對路面接觸性的功能，會對乘坐感和操縱穩定性造成影響。

懸吊系統的主要零件包含負責決定車軸位置的**懸吊機構**，支撐車重和吸收衝擊力的**彈簧**，以及減少彈簧所吸收之震動的**避震器**，另外還有在轉彎時使車體不易傾斜的**穩定桿**。懸吊系統大致分成**車軸懸吊式**和**獨立懸吊式**。

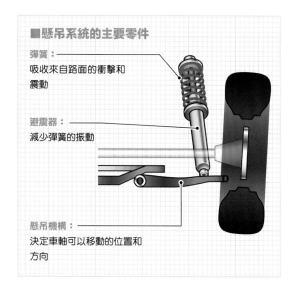

■懸吊系統的主要零件

彈簧：
吸收來自路面的衝擊和震動

避震器：
減少彈簧的振動

懸吊機構：
決定車軸可以移動的位置和方向

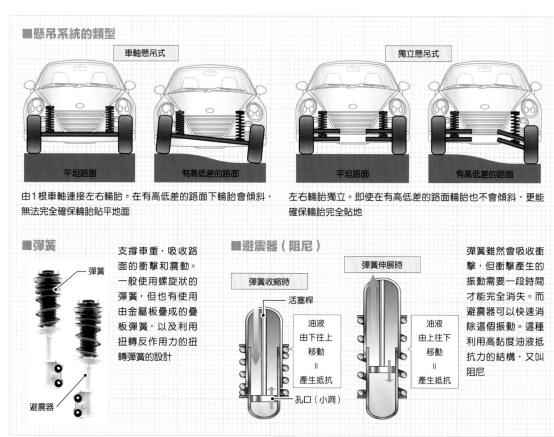

■懸吊系統的類型

車軸懸吊式

平坦路面　　有高低差的路面

由1根車軸連接左右輪胎。在有高低差的路面下輪胎會傾斜，無法完全確保輪胎貼平地面

獨立懸吊式

平坦路面　　有高低差的路面

左右輪胎獨立。即使在有高低差的路面輪胎也不會傾斜，更能確保輪胎完全貼地

■彈簧

彈簧

避震器

支撐車重，吸收路面的衝擊和震動。一般使用螺旋狀的彈簧，但也有使用由金屬板疊成的疊板彈簧，以及利用扭轉反作用力的扭轉彈簧的設計

■避震器（阻尼）

彈簧收縮時

彈簧伸展時

活塞桿

油液由下往上移動＝產生抵抗

油液由上往下移動＝產生抵抗

孔口（小洞）

彈簧雖然會吸收衝擊，但衝擊產生的振動需要一段時間才能完全消失。而避震器可以快速消除這個振動。這種利用高黏度油液抵抗力的結構，又叫阻尼

前輪懸吊的種類

汽車的懸吊系統在進化的過程中，演化出了簡單機構到複雜機構等各種方式的懸吊系統。而前輪懸吊系統的主流有**麥花臣懸吊**（MacPherson strut）、**雙A臂懸吊**（Double Wishbone）、**多連桿懸吊**（Multi-Link）等。

▍麥花臣懸吊 ▍

彈簧和懸吊機構放在同一根軸上，以接近垂直的形式支撐車輪（這個構造稱為支柱）。而幾乎跟路面平行設置的下支臂則負責固定車軸的位置。

由於吸收、緩和來自路面之衝擊的支柱也被當成支撐車重的零件使用，因此這種結構會妨礙避震器的平順運動，故不適合大型車或馬力大的車種；然而麥花臣懸吊的結構簡單且輕盈，成本又低，所以被很多乘用車採用，特別是前輪。

■麥花臣懸吊的構造

彈簧＋避震器

下支臂

▍雙A臂懸吊 ▍

由彈簧和避震器一同充當支柱，但除了下支臂外，還追加了2個（Double）名為上支臂的支臂來支撐車輪。雙A臂懸吊的英文為Double Wishbone，是由於其形狀很像禽鳥類的胸骨（wishbone）因而命名。

因為有2個支臂，前後剛度和橫向剛度都很高，同時幾何結構的自由度也很大，可以精細地設定輪胎的接地條件。然而，缺點是結構變複雜，成本也因此提高。

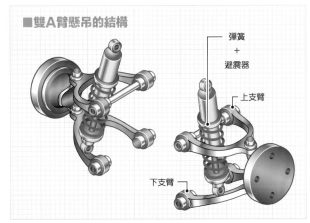

■雙A臂懸吊的結構

彈簧＋避震器

上支臂

下支臂

▍多連桿懸吊 ▍

使用多根支臂和連桿的懸吊系統，總稱為多連桿懸吊。由多根（一般超過4根）連桿（支臂）支撐車輪，橫向剛度很高，且在懸吊系統上下晃動也可以減少幾何結構的變化。

作為懸吊系統的性能很高，但零件數量很多，重量也很重，結構複雜。因此成本也較高。

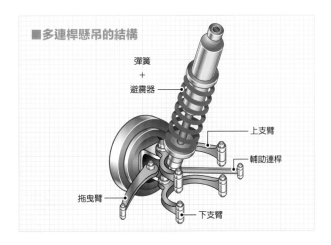

■多連桿懸吊的結構

彈簧＋避震器

上支臂

輔助連桿

拖曳臂

下支臂

底盤⑥ 懸吊系統（後輪）

後輪懸吊在設計時除了性能之外，還會考量行李廂的空間和成本等因素。

後輪懸吊的種類

雖然也有些後輪懸吊系統在結構上跟前輪懸吊很接近，但由於後輪懸吊的位置靠近傳動軸、燃料箱等零件，在空間布局上必須下一番工夫，因此也衍生出很多種類。另外，在驅動輪不是後輪的FF驅動車上，由於空間比較充裕，故後輪懸吊的選擇自由度比較高。

▎扭力樑懸吊▎

扭力樑懸吊是分別裝在左右輪胎上的拖曳臂固定車軸，由彈簧和避震器吸收上下晃動力。而左右的拖曳臂又透過扭力樑連接，藉由扭力樑內部的扭力桿（彈簧）作用，是可承受一定程度扭轉的柔軟構造。

雖然屬於車軸懸吊式，但左右兩輪可在某種程度上獨立運動。主要用在FF驅動車的後輪。

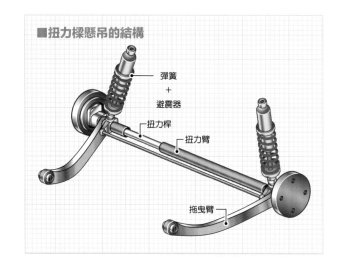

■扭力樑懸吊的結構

彈簧 ＋ 避震器

扭力桿

扭力臂

拖曳臂

▎拖曳臂懸吊▎

拖曳臂懸吊是在拖曳臂的作用下，懸吊臂的擺動（搖擺）軸線位於車軸前方的懸吊系統。拖曳臂的軸線跟車輛行進方向垂直的稱為全拖曳臂式，這種設計的橫向剛度較低；而為改善此問題，使拖曳臂軸線稍微傾斜，增加橫向力道承受力的設計，則稱為半拖曳臂式。

拖曳臂懸吊的優點是結構簡單，不占空間，故多用於乘用車的後輪懸吊。

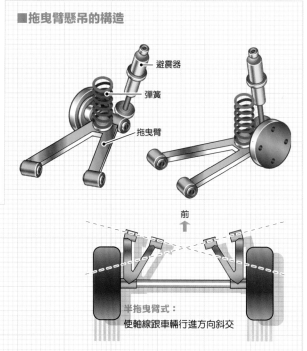

■拖曳臂懸吊的構造

避震器

彈簧

拖曳臂

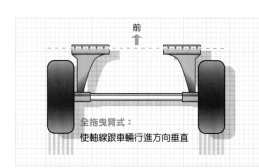

前

全拖曳臂式：
使軸線跟車輛行進方向垂直

前

半拖曳臂式：
使軸線跟車輛行進方向斜交

氣壓懸吊

氣壓懸吊是一種用密封的氣體代替彈簧，使用**空氣彈簧**的懸吊系統。它利用了氣體在體積被壓縮至原本的二分之一後，壓力和反彈力會變成2倍的原理。

運載乘客或貨物時，空氣彈簧的反彈力增加，而當車子清空後，空氣彈簧又會恢復原本的反彈力。另外，由於運載貨物時不論空氣彈簧如何壓縮，空氣都不會跑掉，因此不用擔心彈簧被壓到底，故很適合卡車和巴士。

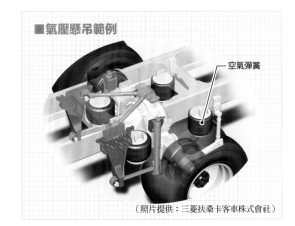

■氣壓懸吊範例

空氣彈簧

（照片提供：三菱扶桑卡客車株式會社）

MINI COLUMN

幾何結構

設定輪胎方向和路面跟輪胎的接地角度稱為「輪胎定位」。而做輪胎定位時有3個很重要的角度，分別是外傾角、後傾角、前束角。

外傾角是指從車前方看時，輪胎對地面的傾斜角度。由於輪胎支撐著汽車重量，故容易往外側傾斜，而外傾角就是指輪胎外傾的幅度。後傾角則是指方向盤轉動車輪時的軸線跟前進方向垂直線間的角度。而前束角是輪胎跟前進方向之間的夾角。由於輪胎在行駛時容易往相對於行進方向的外側傾斜，所以必須故意往內傾一點。這三個角度都會影響汽車的直線行進和轉向時的穩定性。

在做輪胎定位時，必須依照懸吊系統的安裝位置、懸吊臂的長度等來調整，而這個懸吊系統的位置關係就叫「幾何結構」。雙A臂懸吊和多連桿懸吊的幾何結構自由度高，可以精細設定輪胎和路面之間角度，故能靈活地應對路面的凹凸情況。

利用這樣的優點，不僅可以在行駛時調整懸吊系統設置，而且還可以透過巧妙地設計幾何結構，抑制煞車時的車頭下沉（前傾）和加速時的車尾抬升（後仰）。這樣的設定稱為防俯衝懸吊。

■輪胎定位的角度

外傾角

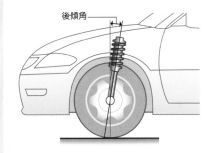

後傾角

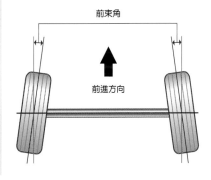

前束角

前進方向

底盤⑦ 轉向系統

汽車的轉向是由方向盤、轉向齒輪箱、橫拉桿等零件負責。

轉向系統的原理

將汽車駕駛轉動方向盤時的動作正確傳遞給輪胎，改變汽車方向的裝置稱為**轉向系統**。以乘用車來說，通常是以前輪角度的方式實現轉向。

方向盤正確來說應該叫**轉向盤**，方向盤的旋轉運動會經由**轉向軸**傳給**轉向齒輪箱**，轉換成往復運動。而這個往復運動會透過**橫拉桿**、**轉向節**傳給輪胎。

現在幾乎所有的汽車皆裝有**動力輔助轉向系統**，在汽車駕駛轉動方向盤時提供輔助力。雖然轉向齒輪箱也有利用油壓輔助的油壓式，但近年大多改成電動式。跟油壓式相比，電動式不使用引擎動力，故可節省燃料。電動式的馬達安裝位置會因車種的轉向軸和轉向齒輪箱結構而異。

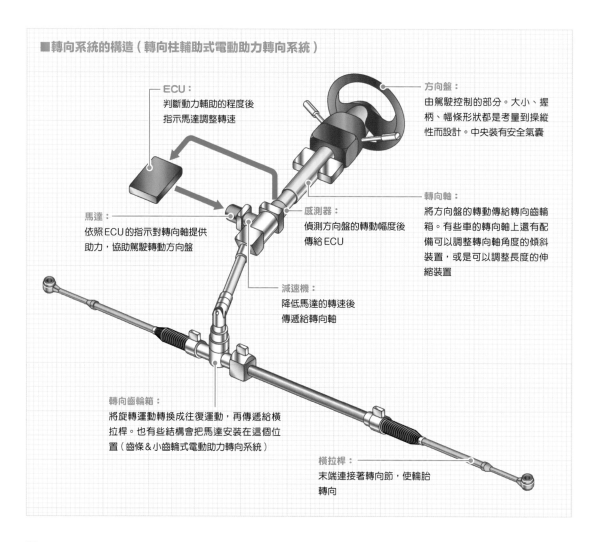

■轉向系統的構造（轉向柱輔助式電動助力轉向系統）

ECU：
判斷動力輔助的程度後指示馬達調整轉速

方向盤：
由駕駛控制的部分。大小、握柄、幅條形狀都是考量到操縱性而設計。中央裝有安全氣囊

轉向軸：
將方向盤的轉動傳給轉向齒輪箱。有些車的轉向軸上還有配備可以調整轉向軸角度的傾斜裝置，或是可以調整長度的伸縮裝置

感測器：
偵測方向盤的轉動幅度後傳給ECU

馬達：
依照ECU的指示對轉向軸提供助力，協助駕駛轉動方向盤

減速機：
降低馬達的轉速後傳遞給轉向軸

轉向齒輪箱：
將旋轉運動轉換成往復運動，再傳遞給橫拉桿。也有些結構會把馬達安裝在這個位置（齒條＆小齒輪式電動助力轉向系統）

橫拉桿：
末端連接著轉向節，使輪胎轉向

▌轉向齒輪箱 ▌

利用小齒輪和齒條將轉向軸的旋轉運動變成橫向的往復運動。小齒輪的正齒輪跟齒條的條狀齒輪咬合。齒條的末端透過球形萬向節跟橫拉桿連接。球形萬向節包在防止潤滑油外漏和異物進入的防塵套中。

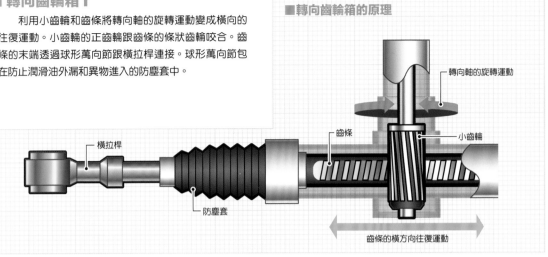

■轉向齒輪箱的原理

轉向軸的旋轉運動

齒條

小齒輪

橫拉桿

防塵套

齒條的橫方向往復運動

▌橫拉桿 ▌

一側的末端連著齒條，另一側的末端透過球形萬向節連接轉向節。透過平行運動推拉轉向節，就可以改變輪胎的角度。由於輪胎和轉向節會隨著路面上下晃動，所以橫拉桿和轉向節間用球形萬向節連接，確保即使橫拉桿和轉向節之間的角度改變，力量依然能有效傳遞。由於輪胎的角度可能會調整，所以橫拉桿的長度也被設計成可以調整（前束角調整）。

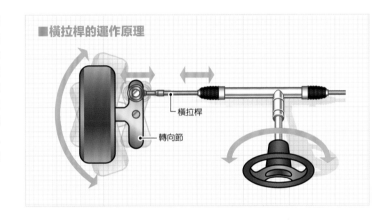

■橫拉桿的運作原理

橫拉桿

轉向節

電子轉向系統

電子轉向系統是在機構上分離方向盤跟輪胎，用感測器感知方向盤的轉動角度，用ECU控制馬達來轉動輪胎的系統。這種系統有以下優點，是目前正逐漸受到關注的次世代系統。

①由於可以透過ECU進行蛇行控制，因此能夠預先進行轉向，讓駕駛更平順地行駛

②可依照車型的目的自由設計操縱感，讓使用者依想要的操縱感挑選車型

③撞車時轉向軸不會被頂出來，安全性更高

■電子轉向系統的原理

ECU

在機械結構上分離

底盤⑧ 腳煞車

煞車是利用摩擦現象，把動能轉換成熱能，使汽車減速和停下。

腳煞車的組成和種類

煞車系統由煞車踏板、倍力器、油壓機構以及煞車本體（包括卡鉗、煞車墊、碟式煞車盤等）組成。由於在行駛時是用腳操作，故稱為腳煞車。用腳踩下煞車踏板時，煞車油的油壓便會上升，傳遞到煞車機構。

煞車本體分為碟煞和鼓煞2種，兩者的原理都是把摩擦力轉換成熱，使汽車減速，讓汽車安全停下。

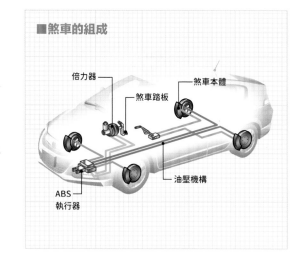

■煞車的組成

倍力器
煞車踏板
煞車本體
ABS
執行器
油壓機構

▌碟煞▐

碟煞的構造，是用卡鉗內的煞車墊夾住跟輪圈一體轉動的碟式煞車盤來制動。多數設計是將煞車墊的一邊固定在卡鉗上，另一邊則由油壓推動壓住煞車盤。

這種設計的特色是煞車盤外露在空氣中，所以轉換出來的熱能能夠輕易逸散到大氣中。

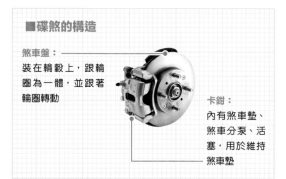

■碟煞的構造

煞車盤：
裝在輪轂上，跟輪圈為一體，並跟著輪圈轉動

卡鉗：
內有煞車墊、煞車分泵、活塞，用於維持煞車墊

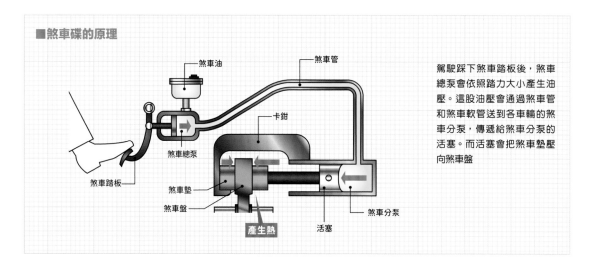

■煞車碟的原理

煞車油
煞車管
卡鉗
煞車總泵
煞車踏板
煞車墊
煞車盤
產生熱
活塞
煞車分泵

駕駛踩下煞車踏板後，煞車總泵會依照踏力大小產生油壓。這股油壓會通過煞車管和煞車軟管送到各車輪的煞車分泵，傳遞給煞車分泵的活塞。而活塞會把煞車墊壓向煞車盤

▌鼓煞 ▌

鼓煞是將1對貼有摩擦材料的煞車襯片從內側壓向與輪胎一體旋轉的筒型煞車鼓，以達到制動效果的系統。尤其於結構的關係，鼓煞會產生自增力作用。

雖然具有出色的制動性能，但散熱性差，容易出現熱衰退現象*。此外，鼓煞還存在內部進水後恢復性不良的缺點。

※熱衰退現象：因過熱導致煞車力急速下降的現象

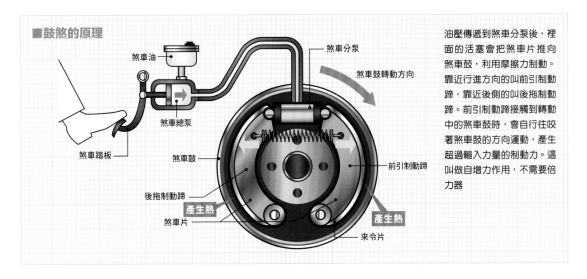

■鼓煞的原理

煞車油
煞車分泵
煞車鼓轉動方向
煞車總泵
煞車踏板
煞車鼓
前引制動蹄
後拖制動蹄
產生熱
煞車片
產生熱
來令片

油壓傳遞到煞車分泵後，裡面的活塞會把煞車片推向煞車鼓，利用摩擦力制動。靠近行進方向的叫前引制動蹄，靠近後側的叫後拖制動蹄。前引制動蹄接觸到轉動中的煞車鼓時，會自行往咬著煞車鼓的方向運動，產生超過輸入力量的制動力。這叫做自增力作用，不需要倍力器

倍力器

倍力器是幫駕駛增加踩下煞車踏板的力道，以取得足夠制動力的裝置。

倍力器設置在煞車踏板和煞車總泵之間，由**動力缸**、其中的**動力活塞**以及與煞車踏板連動的**真空閥**等組成。

現在，幾乎所有的汽車都裝有倍力器，並以利用負壓和大氣壓之間的氣壓差放大制動力的**真空倍力器**最普遍。

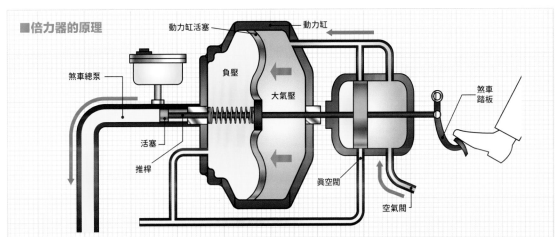

■倍力器的原理

動力缸活塞
動力缸
煞車總泵
負壓
大氣壓
煞車踏板
活塞
推桿
真空閥
空氣閥

動力缸活塞將動力缸分成2個區塊。踩下煞車踏板前，引擎的進氣負壓會使兩側都呈現負壓，但踩下煞車後，真空閥關閉，只有動力缸活塞的左側是負壓，靠近踏板的那一側會變成大氣壓。如此就會和靠煞車總泵那一側的負壓產生壓力差，使得煞車總泵的活塞被推動，而升高油壓

底盤⑨ 手煞車

手煞車除了用來停車，也有緊急煞車的功用，因此被裝設在所有汽車上。

手煞車的原理

手煞車一如其名，不是行駛時所用的煞車，而是用來讓汽車保持停止狀態用的煞車。同時，它也有在腳煞車故障時當成**緊急煞車**的功能。

通常手煞車是由駕駛控制，藉由拉動引線啟動後輪（或前輪）的煞車達到制動作用。最近也出現用按鈕控制，以電動方式用馬達拉動引線的結構。

■手煞車的組成

手煞車包括側拉桿等手把部分、與之連接的接桿，以及將力量平均分配到左右的平衡器、與之相連的左右手煞車線，最後則是煞車本體。由於用碟煞當煞車本體的話制動力較小，故大多會另外裝置1個小的鼓煞

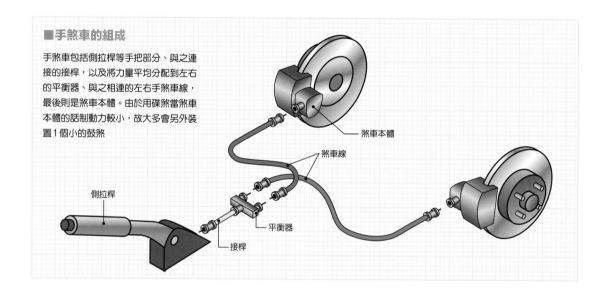

煞車本體

煞車線

側拉桿

平衡器

接桿

■手煞車的構造

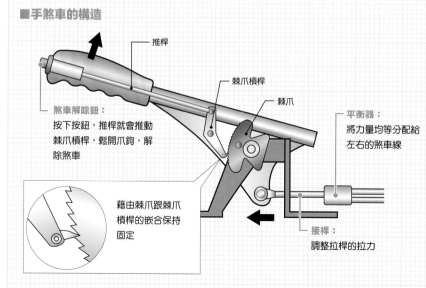

推桿

棘爪槓桿

棘爪

煞車解除鈕：
按下按鈕，推桿就會推動棘爪槓桿，鬆開爪鉤，解除煞車

藉由棘爪跟棘爪槓桿的嵌合保持固定

平衡器：
將力量均等分配給左右的煞車線

接桿：
調整拉桿的拉力

由於手煞車的功能是在停車期間持續啟動煞車，所以必須使煞車線維持拉緊的狀態。為此手煞車中設有棘爪，可以跟棘爪槓桿互相咬合保持煞車狀態。而要發動車子時，拉桿型手煞車只要按下按鈕，而拉柄型則是轉動拉柄即可解除煞車。而踏板型則分為直接踩踏板解除、附解除拉桿以及汽車發動時自動解除等許多種類

手煞車的種類

手煞車有很多種類。在乘用車上，直到70年代初，有些車的前座仍是長凳式座椅，故大多採用**拉柄型**手煞車。後來，幾乎所有乘用車的前座都改成分離式座椅，變成以**拉桿型**為主流。而**踏板型**手煞車則隨著AT車普及。最近更出現了用**按鈕**控制的電動型。

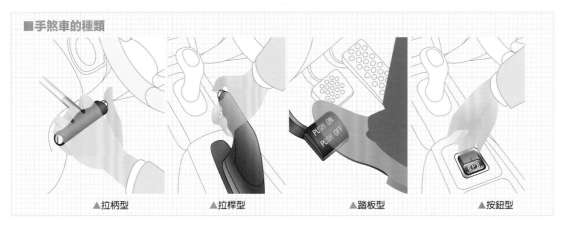

■手煞車的種類

▲拉柄型　　　　　▲拉桿型　　　　　▲踏板型　　　　　▲按鈕型

ABS (Antilock Brake System)

汽車若在行駛時突然煞車，輪胎和路面之間會產生巨大摩擦力，使汽車減速；然而如果煞車的力道超過輪胎跟路面之間的摩擦力，輪胎就會被鎖死，發生車子在路面上滑行的現象。這麼一來輪胎跟路面之間的摩擦力會變小，使制動能力下降。不僅如此，方向盤也會變得難以操控。

因此，現在汽車上都裝有**ABS（Antilock Brake System）**，當輪胎快要被鎖死時，就會被各輪胎上的感測器偵測到，自動降低煞車油壓以防止輪胎鎖死。

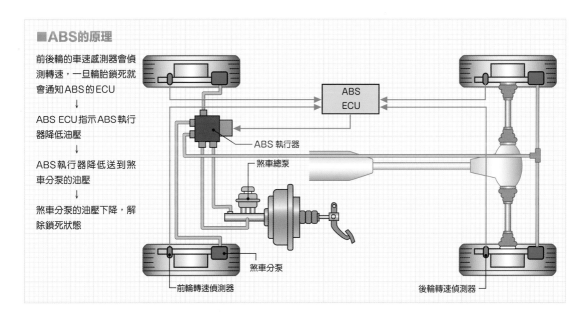

■ABS的原理

前後輪的車速感測器會偵測轉速，一旦輪胎鎖死就會通知ABS的ECU
↓
ABS ECU指示ABS執行器降低油壓
↓
ABS執行器降低送到煞車分泵的油壓
↓
煞車分泵的油壓下降，解除鎖死狀態

ABS ECU

ABS執行器

煞車總泵

煞車分泵

前輪轉速偵測器

後輪轉速偵測器

車身① 構造和材料

乘用車大多是輕量且高剛度的單體式結構。

■單體式結構的車身範例

單體式結構

　　一般的乘用車在以前主要是把車身罩在樑框式構造的底盤上所組成的結構，後來為了提高運動性能、衝撞時的安全性以及降低油耗等，追求輕量化和高剛度的結果——現在幾乎全部的乘用車都改成**單體式結構**。

　　單體式結構是由車體的內外板製成單一的結構體，將行駛時的振動和衝擊分散到整個車體以確保整體剛度的設計結構。跟樑框式結構相比，這種結構不僅輕量，且內部空間也更大。同時，發生衝撞時也能更好地吸收能量。

　　汽車的車身材料，幾乎完全由**鋼板（冷軋鋼板[SPCC]）**製成。雖然最近也開始出現採用剛度更高的**高張力鋼板**或者**超高張力鋼板**，以降低鋼板厚度實現輕量化的設計，但這種設計的成本更加高昂，且成型性遜於冷軋鋼板。

　　另外，為了進一步的輕量化，除了單體結構外，現在也出現了在擋泥板或引擎蓋使用樹脂材質的汽車。

單體式車身的組成零件

單體式結構是由骨架、車頂、車底等部分焊接而成。然後再裝上車門、引擎蓋等外罩物，最後組裝成一台車身。

如此組裝完的裸車身俗稱為**白車身**。而白車身之外的車身組成零件則有車窗玻璃類、樹脂製的前後桿等。

引擎蓋、車門、車頂等構成汽車外觀的鋼板俗稱**車身蒙皮**。車身蒙皮包含車頂這樣構成單體式結構的結構體，以及引擎蓋這樣即使沒有也幾乎不影響車身剛度的部位。

■ 組成單體式結構的主要零件

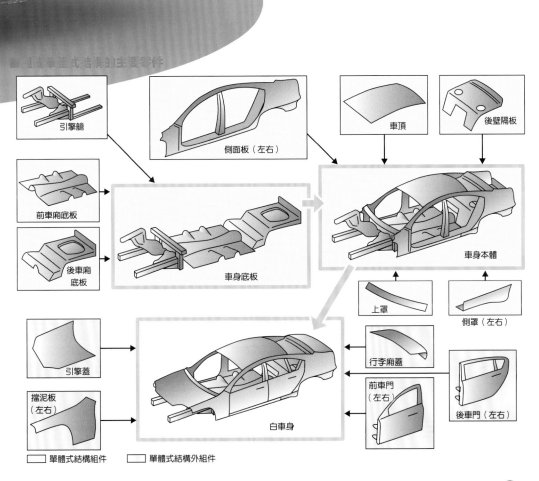

引擎艙

側面板（左右）

車頂

後壁隔板

前車廂底板

後車廂底板

車身底板

車身本體

上罩

側罩（左右）

引擎蓋

擋泥板（左右）

行李廂蓋

前車門（左右）

後車門（左右）

白車身

☐ 單體式結構組件　　☐ 單體式結構外組件

車身② 車門和保險桿

搭乘者上下車必不可少的車門，除了密閉性外，也很講究開關感、開關耐久度等各式各樣的功能。

車門的種類和結構

車門是由扮演升降**車窗**用之定位框的**車門窗框**和**中立柱**、支撐它們的**車門面板**、開關車門必要的**鉸鏈**、**外門把手**、**車鎖**，以及保持車窗升降位置的**升降器**等組成。

行駛時，車門必須跟車身融為一體，因此車門的鉸鏈和車鎖必須具備一定剛度。車門窗框也一樣，若剛度不夠的話，高速行駛時就會因為氣流的負壓而露出空隙，使得風灌進車內。

一般乘用車的車門最常見的是往外開的**標準**

車門，而在迷你廂型車等車型上則可看到**滑動車門**。滑動車門的優點是開口大，而且打開時不會大幅外伸到車身外，然而也有著結構沉重且製造成本高，以及後段部分的設計自由度較低等缺點。

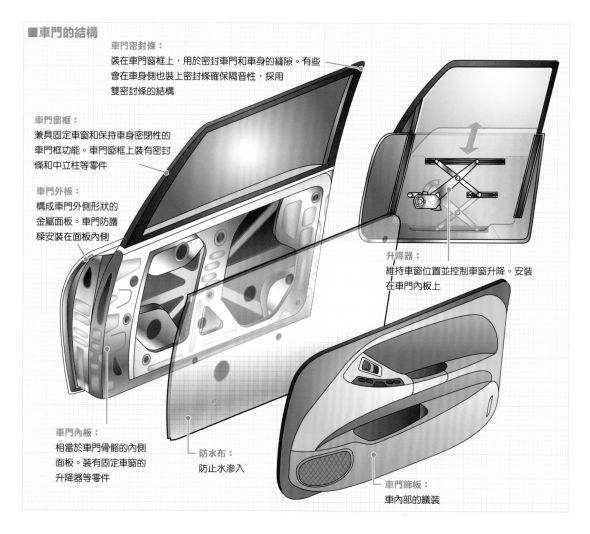

■車門的結構

車門密封條：
裝在車門窗框上，用於密封車門和車身的縫隙。有些會在車身側也裝上密封條確保隔音性，採用雙密封條的結構

車門窗框：
兼具固定車窗和保持車身密閉性的車門框功能。車門窗框上裝有密封條和中立柱等零件

車門外板：
構成車門外側形狀的金屬面板。車門防護樑安裝在面板內側

升降器：
維持車窗位置並控制車窗升降。安裝在車門內板上

車門內板：
相當於車門骨骼的內側面板。裝有固定車窗的升降器等零件

防水布：
防止水滲入

車門飾板：
車內部的艤裝

無窗框車門

出於設計面的理由，市面上存在著沒有窗框、只有玻璃的**無窗框車門**。

由於沒有窗框，所以車門跟車身之間直接依賴車窗和車身密封條來確保密閉性。而車窗本身則完全依靠車門面板內的機構固定，所以為了防止剛度不夠，玻璃窗會做得很厚，同時也會提高玻璃固定的強度。

為確保車窗關上時完全密合，有些車款會使用**電動車窗**，並在車窗和車身密封條部位使用**嵌入式結構**。

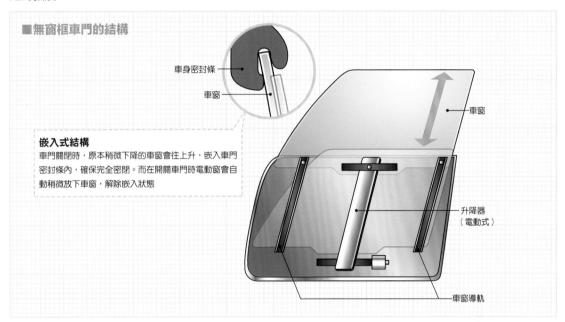

■無窗框車門的結構

車身密封條
車窗

嵌入式結構
車門關閉時，原本稍微下降的車窗會往上升，嵌入車門密封條內，確保完全密閉。而在開關車門時電動窗會自動稍微放下車窗，解除嵌入狀態

車窗

升降器
（電動式）

車窗導軌

保險桿

保險桿原本的功能是在汽車輕微衝撞時降低衝擊對車體的影響。然而，最近的汽車保險桿常會漆上跟車身相同的顏色，很多已變成跟車身蒙皮一樣的外觀零件。另外，很多車的前保險桿會裝上車前格柵或位置燈等零件。另一方面，也有些車的保險桿被設計成在對物或對行人的輕微衝撞中防止車頭燈被撞壞的功能性零件。

保險桿會先裝設在框架上，然後再透過框架用螺栓固定在車身上。出於彈性強度和可回收性的理由，保險桿的材料大多採用**聚丙烯（PP）**，並用射出成型。

▲保險桿的例子。前保險桿（上）和後保險桿（下）

車身③ 車窗和安全車身

汽車的車窗和車身骨架結構也隱藏了很多提高安全性的設計。

車窗和玻璃的種類

汽車除了**前擋風窗**和**後擋風窗**之外，還有**車門窗**和**三角窗**等許多窗戶。為了確保駕駛在駕車時擁有充足的視野，車窗還必須具備透明清晰和不會扭曲景物位置的性質。

車窗所用的玻璃分為**雙層玻璃**和**強化玻璃**2種。

雙層玻璃是一種用2片薄退火玻璃中間夾一層膜片黏合而成的玻璃，多用在前擋風玻璃和天窗。這種玻璃的特色是破裂也不會爆散出碎片，以及在行駛時不易被前方飛來的物體貫穿。至於強化玻璃是一種透過加熱和急速冷卻提升強度的玻璃，破裂

時碎片會變成粒狀，不容易傷到人。強化玻璃多用在車門窗和後擋風窗上。

除了以上提到的2種玻璃外，還有可提升雨天可視性的**撥水玻璃**；可隔離紅外線和紫外線、提高乘車舒適度的**隔熱＆抗UV玻璃**等等。另外，也有裝入天線的**玻璃天線**，以及裝有**抬頭顯示器**的玻璃。

■車窗的種類

前擋風窗　　前車窗　　後車窗

後三角窗　　後擋風窗

■玻璃的種類

▲龜裂的雙層玻璃。雙層玻璃裡面塞有膠膜，所以就算破裂也不會爆散

▲破碎的強化玻璃。強化玻璃的強度高，即使破裂也會變成粒狀，不容易傷到人　　　　　　　　　　　　（照片提供：AGC旭硝子）

安全車身

　　汽車的車身加入了幾種在衝撞發生時可以保護車內搭乘者的設計。第1種設計是車身會在衝撞時大幅變形，吸收衝擊力的結構（**衝擊吸收車身**）。另外一種是為了保護車內的乘坐空間，座艙特別堅硬堅固的車身結構（**高強度座艙**）。而對於車體沒有緩衝空間的側面，則加強了**B柱**和**地板橫樑**的強度，並加上**防側撞保護樑**來承受衝擊。另外，對於無B柱的汽車，則會在前門的後側和後門的前側裝上補強桿，用跟車體相連的構造確保強度。

　　諸如此類的結構，都是為了在汽車發生衝撞意外時能夠降低對於乘坐者的傷害。

■**安全車身的製造**

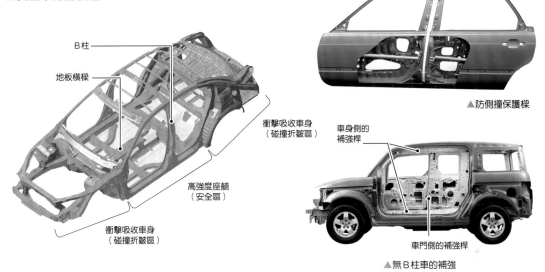

B柱
地板橫樑
衝擊吸收車身
（碰撞折皺區）
高強度座艙
（安全區）
衝擊吸收車身
（碰撞折皺區）

▲防側撞保護樑

車身側的補強桿
車門側的補強桿
▲無B柱車的補強

保護行人的行人保護裝置

　　行人保護裝置是在車子撞到行人時，讓引擎蓋從後端稍微彈起，增加吸收衝擊力的緩衝空間，以減輕行人傷害的系統。

　　安裝在車輛上的感測器一旦偵測到車子與行人發生碰撞，裝設於引擎蓋後端左右鉸鏈附近的執行器便會升起引擎蓋。升起引擎蓋可為引擎蓋跟引擎之間創造空間，藉由引擎蓋的變形來吸收行人頭部所受的衝擊力，減輕行人受傷的程度。

■**行人保護裝置的原理**

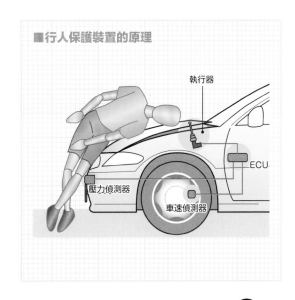

執行器
ECU
壓力偵測器
車速偵測器

艤裝① 構造和艤裝

艤裝物除了裝飾汽車的內裝和外裝的零件外，也包括與安全性有關的功能性零件。

艤裝的組成

艤裝指的是在汽車的「行駛、轉彎、停止」等基本功能之外，提升搭乘者的舒適度或操縱性，以及同時兼具關乎汽車安全性之功能的零件（雖然儀表等電裝物也屬於艤裝，但這裡只介紹電裝物以外的部分）。

艤裝主要包含**儀表板**、**中控台**、**座椅**、**車頂內襯板**、**地墊**等內裝零件，以及**車外後照鏡**、**前格柵**、**車門飾條**等外裝零件組成。

現在，許多汽車的內裝都採用**全覆式**，也就是所有車身零件都被罩住，無法從外面看見的風格。而外裝主要是車外後照鏡和外門把手等功能零件，此外也有前格柵、車門飾條等提升外觀用的零件。

■艤裝的主要組成物（內裝）

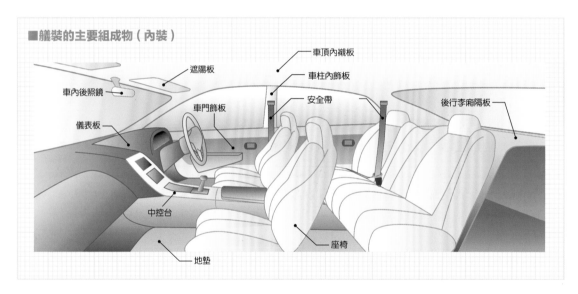

遮陽板 / 車內後照鏡 / 車門飾板 / 儀表板 / 中控台 / 地墊 / 車頂內襯板 / 車柱內飾板 / 安全帶 / 後行李廂隔板 / 座椅

■艤裝的主要組成物（外裝）

前格柵 / 車柱飾板 / 車門飾條 / 外門把手 / 車徽 / 車外後照鏡

車內飾板

由於遮覆天花板的**車頂內襯板**、遮覆後行李廂的**後行李箱隔板**、遮覆車門結構的**車門飾板**、遮覆車身的**車柱內飾板**等，都是乘客可以直接觸摸、看見的內裝零件，所以做工、材質的質感以及設計性都很重要。

車門飾板上裝有開關類零件、內門把手、座椅扶手、車門扶手、裝飾面板、車門儲物袋、防雨密封條、吸音材料等許多組件，因此也屬於功能性零件。而鋪在車內地面的**地墊**則有吸音、隔音的功用。另外，遮陽板則能遮擋來自正前方的陽光。

■主要的內裝飾板

▲車門飾板

▲車頂內襯板

▲遮陽板

▲地墊

（照片提供：住江織物株式會社）

儀表板和中控台

儀表板的本體是由飾板類、蓋罩類、雜物箱、出風口、儀表、車載音響系統、車用導航等許多的艤裝物和電裝物組成。同時，儀表板內側還裝有由鐵管或壓鑄品製成的儀表板框架、空調的風管類、車用線束、乘客用安全氣囊等零件。通常儀表板表面會貼上軟墊等使用各種加工方法來提高設計性與質感。

中控台一般跟儀表板是分開的結構，但很多車款的中控台看起來像是與儀表板連在一起。座椅扶手、放雜物的格子、各種操作按鈕等等也都屬於中控台的一部分。

▲儀表板範例

▲中控台範例

艤裝② 座椅和後照鏡

座椅和安全帶、後照鏡都是關乎安全性的零件，所以正確地穿戴、調整它們很重要。

汽車座椅的結構和功用

駕駛席的**座椅**是負責支撐駕駛者的身體，並且能夠調整位置，讓駕駛者可以坐在最適合自己的位置駕駛。雖然不同車款的**調整器**數量不盡相同，但幾乎所有汽車都會有**座椅滑軌**和**座椅調角器**。如果車上還配備能夠調整傾斜度和長度的方向盤，就可以搭配座椅調整器綜合調整，找到最適合的駕駛位置。

座椅的外皮考慮到耐用性和設計風格，通過裁剪和縫製製作而成。座椅的骨架由SP壓鑄件、管材和彈簧等組成，最後再罩上用皮革包覆的聚氨酯發泡成型的坐墊材料。另外，也有能做成縫製座椅無法做出之立體形狀的一體成型座墊。

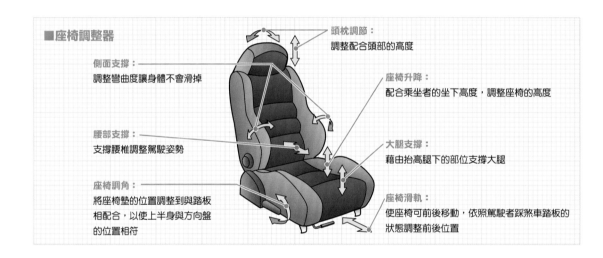

■座椅調整器

頭枕調節：
調整配合頭部的高度

側面支撐：
調整彎曲度讓身體不會滑掉

座椅升降：
配合乘坐者的坐下高度，調整座椅的高度

腰部支撐：
支撐腰椎調整駕駛姿勢

大腿支撐：
藉由抬高腿下的部位支撐大腿

座椅調角：
將座椅墊的位置調整到與踏板相配合，以使上半身與方向盤的位置相符

座椅滑軌：
使座椅可前後移動，依照駕駛者踩煞車踏板的狀態調整前後位置

安全帶

安全帶負責在正面撞擊時束縛並保護乘坐者。使用時要把腰帶確實扣住腰骨，而肩帶也要確實扣在鎖骨上。為了提高拘束性，安全帶還裝有被稱為**預緊器**的裝置，可在撞擊發生的瞬間拉緊安全帶，迅速束縛住乘坐者。另外，安全帶上還有**拉力限制器**，負責在胸部和鎖骨承受過大負荷時鬆開安全帶。預緊器會在最關鍵的撞擊初期提升安全帶的拘束力，然後再按照需求用拉力限制器放鬆安全帶。

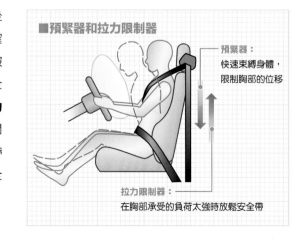

■預緊器和拉力限制器

預緊器：
快速束縛身體，限制胸部的位移

拉力限制器：
在胸部承受的負荷太強時放鬆安全帶

功用多樣的後照鏡

用來查看正後方的**車內後照鏡**，是安裝在車內的平面鏡。而**車外後照鏡**是用來查看車子左右斜後方的鏡子，一般為凸面鏡。汽車通常運用這些鏡子來查看後方情況，但除此之外，對於某些車體較高，左前方存在一定死角的車種，還會再裝上**廣角輔助鏡**。另外，大型車為了確認車後下方的情況，還裝有**車尾照地鏡**。

在車輛內部的話，遮陽板的內側裝有**梳妝鏡**，迷你廂型車等車型則會裝設**後座觀察鏡**。

■後照鏡的種類

車尾照地鏡：
檢查車尾正上方用的鏡子。可視範圍很廣，由於必須透過車內後照鏡查看，所以尺寸做得很大

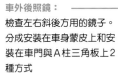

車外後照鏡：
檢查左右斜後方用的鏡子。分成安裝在車身蒙皮上和安裝在車門與A柱三角板上2種方式

廣角輔助鏡：
安裝在車外後照鏡下方，可利用稜鏡的折射檢查到死角區域的鏡子

◄車內後照鏡
檢查汽車正後方用的鏡子。為防止後方車的車頭燈太刺眼，大多採用稜鏡的防眩鏡面

◄梳妝鏡
檢查妝容用的鏡子，所以叫梳妝鏡

◄後座觀察鏡
查看坐後座的小孩等用途的鏡子

車外後照鏡的功能

對於車外後照鏡的鏡面應能看見後方多廣範圍，不同國家地區的規定各不相同。雖然曲面鏡（凸面鏡）的曲率愈高，能看見的範圍愈大，但被照物的影像卻會變小，導致可辨識性變差；這種時候就必須加大鏡面本身的面積，減少曲率，提高可辨識性。

車外後照鏡一般是電動收納式（**電動後視鏡**）。這種後照鏡在停車場之類的地方碰到行人身體或其他車輛時，比較不容易被撞彎或留下傷痕。此外，有些後照鏡中還裝有方向燈（**側鏡示廓燈**）。

車外後照鏡在下雨時容易起霧，變得不容易辨識，因此有些車子的後照鏡會採用親水性的鏡子，或是在鏡子內安裝加熱線使鏡子保持乾燥，確保可視性。

▲裝有加熱線的親水性後照鏡

電裝① 組成和車燈

除了安全和節能目的外，汽車內部也安裝了很多以舒適和便利為目的的電裝機器。

連結電裝機器的線束

汽車的所有部位都裝有**電裝機器**。比如將汽油送入引擎的泵浦到油位感知器、在引擎中負責噴入汽油的油噴嘴和負責點燃混合氣的火星塞、安裝裝置的安全氣囊，以及空調、音響、車燈等等，汽車上裝有非常多的電裝機器。而負責連結這些機器，為它們輸送電力的零件便是**車用線束**。

在經由線束連接的機器中，包含由乘客用開關操作的音響、導航、車門鎖、電動車窗等部分，

以及車頭燈、空調等由電腦（ECU）自動控制的設備，此外如ABS、引擎燃燒控制等由ECU控制的行駛功能也包含在內。以人類來比喻的話，ECU就像是大腦，線束就像神經系統，而位於各處的機器則是手腳。

■主要的電裝機器

◀線束
分布在汽車各個角落的電線
（照片提供：矢崎總業株式會社）

◀ECU元件
分為引擎用、空調用等控制各機器的ECU。除此之外還有集中管理這些ECU的司令塔ECU
（照片提供：電裝公司）

▲雨刷
擦除雨珠或黏在車窗上的汙垢，確保視線清晰

▲儀表
包含車速在內，讓駕駛了解汽車的狀況

▲配件插座
插裝外設機器時使用的電力供給裝置

▲安全氣囊
在撞擊時爆發膨脹，保護乘客

▲車用導航
在地圖上顯示車子的位置，並引導駕駛前往目的地。除此之外還有各式各樣的功能

▲車用音響
除了能聽音樂之外，有些車型還能觀看電影

▲電動車窗開關
升降電動車窗用的開關

▲車內空調
可調節熱風、冷風的量來控制溫度，調整車內環境

車燈

汽車的前後左右安裝了各種各樣的**車燈**，它們有的用來提高駕駛者的可視性，有的用來跟其他駕駛者溝通，有的用來確保自車的可辨識性。最近許多車的車燈都改成LED，或是採用不會造成對向車駕駛眩目的車頭燈等科技，技術的進步十分顯著。

■車燈的組成

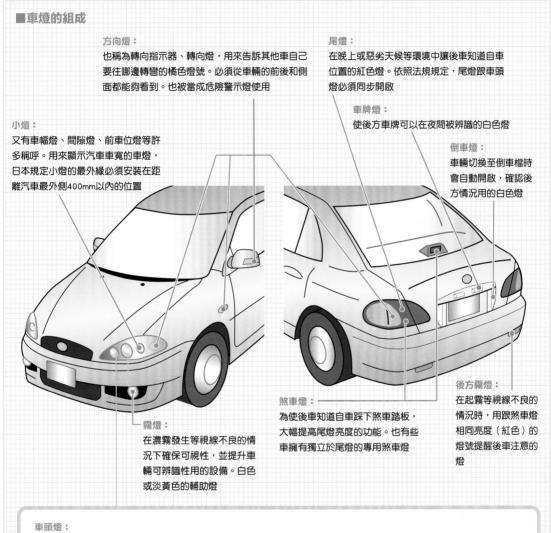

方向燈：
也稱為轉向指示器、轉向燈，用來告訴其他車自己要往哪邊轉彎的橘色燈號。必須從車輛的前後和側面都能夠看到。也被當成危險警示燈使用

尾燈：
在晚上或惡劣天候等環境中讓後車知道自車位置的紅色燈。依照法規規定，尾燈跟車頭燈必須同步開啟

小燈：
又有車幅燈、間隙燈、前車位燈等許多稱呼。用來顯示汽車車寬的車燈，日本規定小燈的最外緣必須安裝在距離汽車最外側400mm以內的位置

車牌燈：
使後方車牌可以在夜間被辨識的白色燈

倒車燈：
車輛切換至倒車檔時會自動開啟，確認後方情況用的白色燈

煞車燈：
為使後車知道自車踩下煞車踏板，大幅提高尾燈亮度的功能。也有些車擁有獨立於尾燈的專用煞車燈

後方霧燈：
在起霧等視線不良的情況時，用跟煞車燈相同亮度（紅色）的燈號提醒後車注意的燈

霧燈：
在濃霧發生等視線不良的情況下確保可視性，並提升車輛可辨識性用的設備。白色或淡黃色的輔助燈

車頭燈：
用來照亮汽車前方的車燈，分為遠光燈和近光燈。遠光燈又稱行車燈，近光燈則被稱為會車燈。通常情況下用遠光燈行駛，而要防止對向車輛或前方車輛的駕駛產生眩目，或者在霧或雪等光線會反射的情況時，則會使用近光。目前，全世界的車頭燈光源中，八成是鹵素燈，不到兩成是氙氣燈，LED燈和其他光源則僅占數％。然而，由於LED燈體積小、光量大且指向性強，又能自動調節亮度或只照亮需要看見的地方，作為一種新的頭燈系統，其市場占有率正快速擴大中

▲LED燈。因為小型且能多個組合使用，設計自由度很高

電裝② 儀表和雨刷

汽車裝有用於為駕駛者提供資訊的儀表，以及確保駕駛者視線清晰的雨刷。

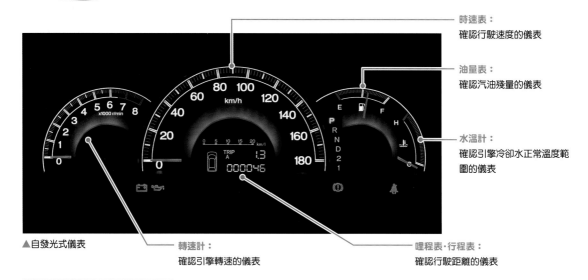

時速表：
確認行駛速度的儀表

油量表：
確認汽油殘量的儀表

水溫計：
確認引擎冷卻水正常溫度範圍的儀表

▲自發光式儀表

轉速計：
確認引擎轉速的儀表

哩程表·行程表：
確認行駛距離的儀表

儀表的功用和種類

　　安裝在儀表板上的**儀表**，可以為駕駛者提供各種各樣的資訊。汽車儀表主要包含**車速計**、**轉速計**、**油量計**、**水溫計**，還有**里程表**、**行程表**等等，但也有些車沒有轉速計或水溫計等設備。除此之外，還有方向燈、遠光燈、霧燈等車燈的**指示燈**，以及顯示引擎油壓和乘客有無繫上安全帶等的**警示燈**。

　　儀表的種類分為**自發光式**和**TFT（Thin Film Transistor）液晶式**等，兩者都是考量到可辨識性和設計性而發明。

　　另外，近年為了提高可辨識性，不把車速等資訊顯示在儀表內，而是直接映射在前擋風玻璃上的**抬頭顯示器（HUD）**也逐漸實用化，開始裝設到汽車上。

■抬頭顯示器（HUD）

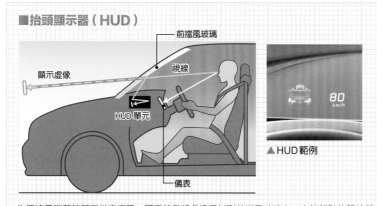

前擋風玻璃

視線

顯示虛像

HUD單元

儀表

▲HUD範例

先用液晶螢幕等顯示儀表資訊，再用鏡子將虛像反射到前擋風玻璃上。由於駕駛的視線移動距離短，故被認為安全性更好

■指示燈·警示燈圖例

方向燈指示燈　遠光燈指示燈　霧燈指示燈

油壓警示燈　引擎警示燈　充電警示燈

油量警示燈　安全帶警示燈　安全氣囊警示燈

雨刷的功用和結構

雨刷是把裝有橡膠（擦子）的**雨刷刮片**安裝在**雨刷臂**上，用馬達左右搖動，擦掉附著在前擋風玻璃上的水滴、泥巴、雪等髒汙，確保駕駛者視線的工具。雨刷可以依照狀況多段變化擦拭速度，而且幾乎所有汽車都擁有每隔一段時間自動擦拭的間歇刷動模式。

另外，在車尾窗口靠近後輪的掀背車型中，由於後輪會揚起塵土，使得車尾窗口容易變髒，因此這種車型往往會裝配有後擋風玻璃雨刷。

近年，雨刷系統不再是各零件個別安裝在汽車車身上，而改用一體式的雨刷。

雖然一體式雨刷的基本結構和機械原理跟傳統雨刷相同，但因為是由零件供應商負責組裝，故品質更穩定。而且能減少汽車製造商的安裝誤差，所以組裝的工時也更短。

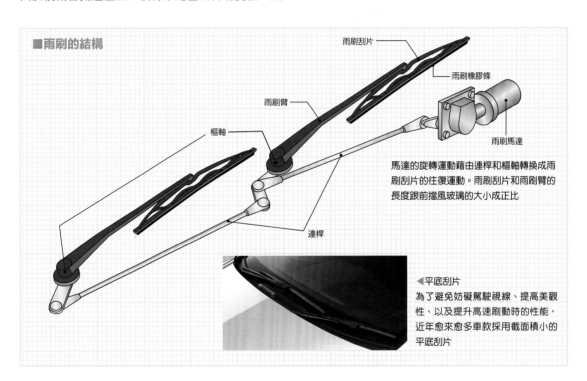

■雨刷的結構

雨刷刮片
雨刷橡膠條
雨刷臂
樞軸
雨刷馬達
連桿

馬達的旋轉運動藉由連桿和樞軸轉換成雨刷刮片的往復運動。雨刷刮片和雨刷臂的長度跟前擋風玻璃的大小成正比

◀平底刮片
為了避免妨礙駕駛視線、提高美觀性、以及提升高速刷動時的性能，近年愈來愈多車款採用截面積小的平底刮片

擋風玻璃清洗器的功用

雨刷通常還隨附**擋風玻璃清洗器**。當玻璃面的水分不足，或是沾上油性汙垢時，清洗器就會噴出清潔液提高雨刷擦拭性，確保駕駛視線。清洗器由裝有清潔液的**水箱**和負責噴射的**噴嘴**組成，噴嘴大多安裝在引擎蓋和擋風玻璃之間，但也有些車種是安裝在引擎蓋或雨刷刮片上。

◀可大面積噴射的擴散式玻璃清洗器

電裝③ 導航和安全氣囊

導航系統的功能一直在進化。將安全氣囊配合安全帶使用，就能夠在正面衝撞時保護乘客。

車用導航系統

導航系統的基本功能是利用 **GPS（全球定位系統）**隨時顯示當前的精確位置，或是用語音和地圖告訴駕駛該怎麼前往要去的地方。而某些多功能的導航系統除了導航的功能外，還會提供美食嚮導、住宿資訊、塞車資訊、停車資訊，甚至可以看電視或放 DVD。在音樂部分也可以用 CD 直接錄音，或同步播放數位音訊播放器上的音樂。

透過智慧型手機連上網路後，車用導航也可以用來搜尋詳細的路況和氣象資訊，甚至是附近的商店或電影院等旅遊景點。相信未來車用導航系統的功能只會愈來愈豐富。

▲▶日本車用導航系統範例。近年有些導航系統附有搜尋旅遊景點的功能

（照片提供：歌樂公司）

利用導航系統的車後攝影機

雖說以前原本就有在汽車後方安裝感測器偵測車體跟障礙物的距離，並用燈號或音效提示駕駛者，作為倒車時確認後方情況用的輔助設備；然而在車用導航普及後，現在很多車會在車後安裝**廣角攝影機**，並用車用導航的螢幕顯示攝影機影像。只要駕駛切換到倒車檔，螢幕上就會自動顯示後方影像。對於迷你廂型車等大型車，通常會安裝此設備當成進入車庫或倒車時確認後方的輔助裝置。

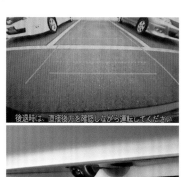

◀導航系統螢幕上的車後攝影機畫面

◀安裝在汽車後方的車後攝影機

安全氣囊的原理

安全氣囊（Airbag） 是一種預設跟安全帶併用的乘客保護裝置。當汽車發生衝撞時，安全氣囊會立刻充氣膨脹。此時，安裝在駕駛席的方向盤中央與副駕駛席前擋板上方的氣囊會衝破擋板彈出。在完全膨脹吸收衝擊力後，就會從安全氣囊背面的氣孔洩掉空氣並縮小。之所以要縮小，是為了讓駕駛者在衝撞過後可以操作方向盤和煞車，並且確保駕駛者的視線。

除了駕駛席和副駕駛席外，車上還有很多地方都裝有安全氣囊。比如在車體側面受到撞擊時，會從座椅外側充氣彈出以保護乘客胸部、腹部的**側邊安全氣囊**；從車頂膨脹彈出，保護乘客頭部、頸部的**簾式安全氣囊**；除此之外，還有**膝部安全氣囊**、**座椅安全氣囊**等許多種類的安全氣囊。

為了從車禍時的撞擊中保護乘客的生命，安全氣囊會用非常強大的壓力張開。因此有時乘客會因為碰到安全氣囊而受到擦傷或撞傷等輕傷。因此駕車時的姿勢如果太靠近方向盤，也有可能反倒由於安全氣囊的強大衝擊力而受到危急性命的重大傷害。

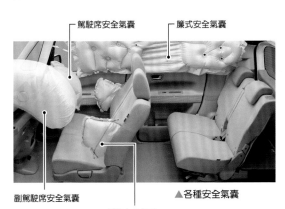

駕駛席安全氣囊　　　簾式安全氣囊

副駕駛席安全氣囊

側邊安全氣囊

▲各種安全氣囊

■安全氣囊的彈出過程

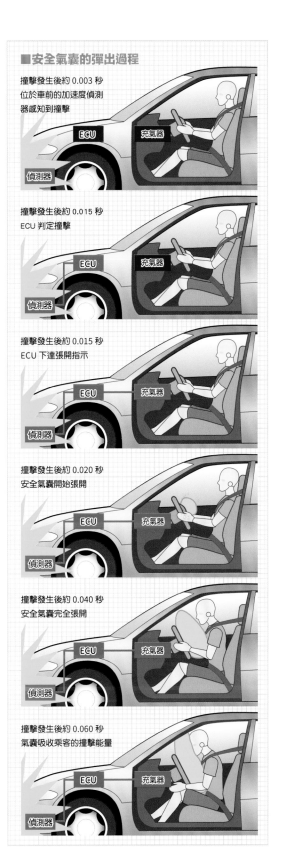

撞擊發生後約 0.003 秒
位於車前的加速度偵測器感知到撞擊

ECU　充氣器　偵測器

撞擊發生後約 0.015 秒
ECU 判定撞擊

ECU　充氣器　偵測器

撞擊發生後約 0.015 秒
ECU 下達張開指示

ECU　充氣器　偵測器

撞擊發生後約 0.020 秒
安全氣囊開始張開

ECU　充氣器　偵測器

撞擊發生後約 0.040 秒
安全氣囊完全張開

ECU　充氣器　偵測器

撞擊發生後約 0.060 秒
氣囊吸收乘客的撞擊能量

ECU　充氣器　偵測器

安全輔助裝置（主動式安全系統）

汽車上裝有電腦、偵測器、攝影機等可預防車禍等異常事態的安全裝置。

防患於未然的安全裝置

本節將介紹汽車上代表性的主動式安全系統，如**牽引力控制系統、車身動態穩定系統、碰撞緩解煞車系統、自適應巡航控制、車道維持輔助系統**。

▎牽引力控制系統（TRC）▎

在有積水或積雪等容易打滑的路面上起步或突然加速時，輪胎有時會空轉無法傳導動力，導致汽車搖晃飄移。而牽引力控制系統（TRC）就是用來防止此現象。TRC會隨時偵測輪胎跟路面的接觸狀態，一旦感知到輪胎空轉，就會控制煞車和引擎的出力，防止輪胎空轉。

▎車身動態穩定系統（ESC）▎

車身動態穩定系統（ESC）是用於抑制汽車過彎時容易發生的側滑現象，穩定車身的系統。一旦輪胎相對路面發生側滑，便有可能發生過彎角度不夠，或是過彎角度太大導致車體開始打轉的現象；而此裝置在偵測器感測到側滑現象時，會自動個別控制4個輪胎的煞車和引擎出力，穩定車身。

各家車廠的製造的ESC雖然基本功能大同小異，但命名方式卻五花八門，如VSC（Vehicle Stability Control）、ESP（Electronic Stabilization Program）、DSC（Dynamic Stability Control）等等。

■TRC的原理

① 輪胎在易打滑的路面空轉

⬇

② 偵測器感知到

⬇

③ 藉由控制煞車和引擎出力，抑制空轉

⬇

④ 同步左右驅動的轉速以穩定行進

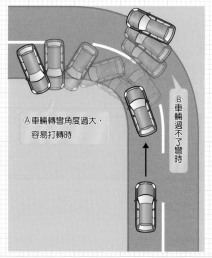

■ESC的範例

進入易打滑路面的彎道時，修正因入彎速度過快導致車輛側滑的方向

Ⓐ車輛轉彎角度過大，容易打轉時

Ⓑ車輛過不了彎時

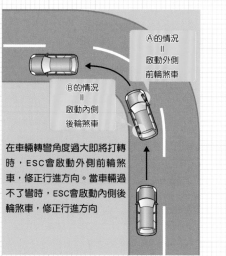

Ⓐ的情況
＝
啟動外側前輪煞車

Ⓑ的情況
＝
啟動內側後輪煞車

在車輛轉彎角度過大即將打轉時，ESC會啟動外側前輪煞車，修正行進方向。當車輛過不了彎時，ESC會啟動內側後輪煞車，修正行進方向

▌碰撞緩解煞車系統（CMBS）▌

碰撞緩解煞車系統（CMBS），是由電腦用攝影機或雷達隨時偵測車子前方，在偵測到車體太靠近前方車輛或障礙物時發出音效警示，並在判斷無法迴避撞擊時自動啟動煞車以減輕傷害的系統。在警示階段時，系統也會用輔助煞車踏力或縮緊安全帶等方式預防衝撞。

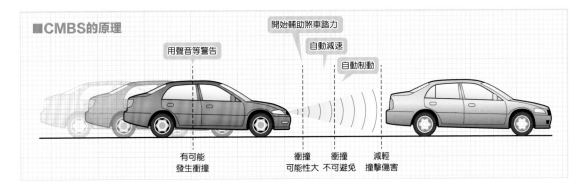

■CMBS的原理

開始輔助煞車踏力
用聲音等警告
自動減速
自動制動

有可能
發生衝撞

衝撞
可能性大

衝撞
不可避免

減輕
撞擊傷害

▌自適應巡航控制（ACC）▌

用雷達偵測、判斷自車與前車的行駛路線，在設定好的速度內一邊維持車間距離一邊跟隨前車行駛的系統。

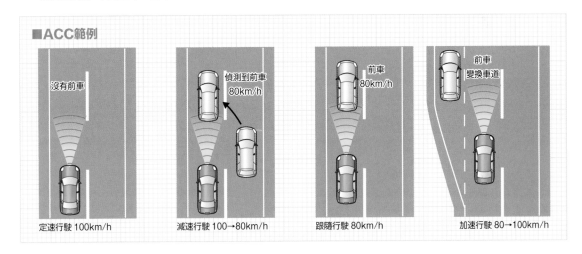

■ACC範例

沒有前車

偵測到前車
80km/h

前車
80km/h

前車
變換車道

定速行駛 100km/h

減速行駛 100→80km/h

跟隨行駛 80km/h

加速行駛 80→100km/h

▌車道維持輔助系統（LKA）▌

車道維持輔助系統（LKA）會在行駛時用攝影機辨識道路上的白線和黃線等道路標線，在車子快要超出道路標線時，用警報聲或使方向盤震動等方式提醒駕駛留意，同時還能在ACC作用時輔助駕駛者操作方向盤回到道路標線範圍內。

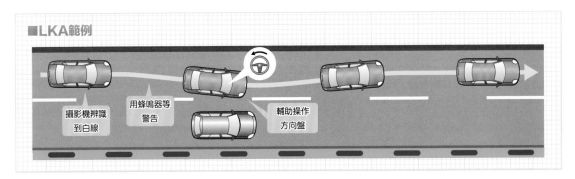

■LKA範例

攝影機辨識
到白線

用蜂鳴器等
警告

輔助操作
方向盤

小排量渦輪

全球汽車的汽油引擎技術進化史,在 20 世紀後半的石油危機發生前,基本上就是不斷提升扭力和馬力的歷史。

在美國,引擎朝著透過提升排氣量以獲得更大扭力,在相對較低的轉速下實現更有力的起步,並無縫銜接高速公路,同時獲得更好的超車加速能力、爬坡力等方向進化。

而對於高速行駛比例較高的歐洲(特別是德國)而言,則朝著在兼顧輕量化的同時,以較小的排氣量提升引擎轉速來增加馬力的方向進化。

然而,在石油危機發生後,美國、歐洲、日本等先進國家的汽車製造商,開始研究如何在提升動力的同時提升燃油效率。在此過程中,近年來出現了一種俗稱「小排量渦輪」的技術。

過去,渦輪增壓器和機械增壓器是為了增加引擎的扭力,以實現更快的速度和加速能力。然而,這裡所說的小排量渦輪,卻是用來提升燃油效率的渦輪增壓器或機械增壓器。

由於汽車在完成起步和加速,進入定速行駛後,幾乎就只剩下行駛阻力,所以在這個狀態下,不需要以加速能力和最高速度為考量的引擎排氣量的馬力。換言之,更小的引擎就足夠了。然而,因為加速和爬坡時會需要馬力,所以只在需要的時候啟動渦輪增壓器或機械增壓器,讓它產生與大排氣量相同的馬力,而平時則以小排氣量節省燃料。這種低油耗的引擎技術一般俗稱小排量渦輪(downsizing turbo)。而這也導致了引擎的輕量化,因為減少引擎的汽缸數量可以降低阻力,最終有助於降低油耗。

這原本是歐洲車廠推動的技術,但後來日本和美國的車廠也開始開發,使小排量渦輪逐漸成為全球的趨勢。

第2章

汽車的生產方式

　　雖然設計、製造汽車的是汽車製造商,但汽車絕對不是光靠汽車製造商就能製造的東西。一輛汽車從生產到出廠,中間會有許許多多的人參與。在第2章,我們將從牽涉到大量重要零件的汽車製造流程中,挑出車身、引擎、車門以及儀表板的部分,一起來看看汽車製造的過程。另外,我們還會順便介紹汽車在完成後要經過哪些檢查。

汽車的製造

車身會在汽車工廠經過沖壓、焊接、塗裝工程被製造出來，然後再組裝上各式各樣的零組件。

汽車製造的流程

汽車由許多零件組成。而這些零件會先在車廠內外的生產線製造出來，然後才投入**汽車工廠**的生產線。

由工場外的**零件製造商**製造的汽車零件，又可以再往下分工成**一級供應商**、**二級供應商**、**三級供應商**……等等。

以汽車座椅為例，雖然一級供應商交貨給汽車工廠時就已經是接近成品的狀態，但一級供應商

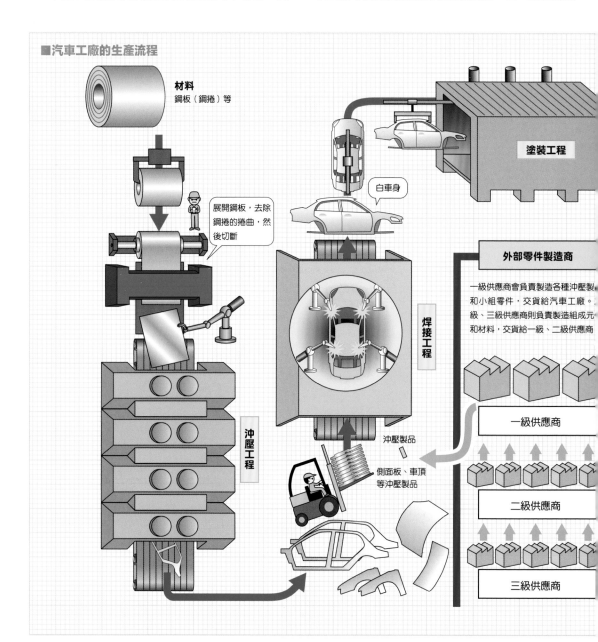

■汽車工廠的生產流程

材料
鋼板（鋼捲）等

展開鋼板，去除鋼捲的捲曲，然後切斷

白車身

塗裝工程

焊接工程

沖壓工程

沖壓製品

側面板、車頂等沖壓製品

外部零件製造商

一級供應商會負責製造各種沖壓製品和小組零件，交貨給汽車工廠。二級、三級供應商則負責製造組成元件和材料，交貨給一級、二級供應商。

一級供應商

二級供應商

三級供應商

要製造出成品狀態的座椅，還必須向生產座椅外皮的二級供應商，以及生產座椅框架的二級供應商購買相關零件。

同時，生產座椅框架的二級供應商，也需要向生產金屬管框架或沖壓品的框架等組成元件的三級供應商採購零件。而有些零件甚至還牽涉到四級、五級的供應商。由此可見，汽車的製造過程有很多供應商參與。

在汽車工廠內，除了負責組裝汽車的**主線**外，還有被稱為**副線**的生產線，有些零件會在這裡製造、組裝至一定程度或變成成品後再投入主線。比如引擎、變速系統、儀表板、保險桿等就屬於這類零件（在副線上組裝的零件種類，會因汽車工廠而異）。

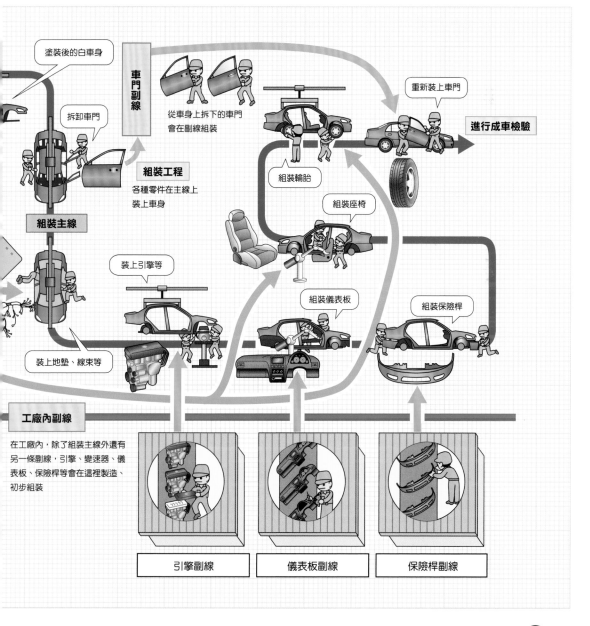

塗裝後的白車身

車門副線

拆卸車門

從車身上拆下的車門會在副線組裝

重新裝上車門

進行成車檢驗

組裝工程
各種零件在主線上裝上車身

組裝主線

組裝輪胎

組裝座椅

裝上引擎等

組裝儀表板

組裝保險桿

裝上地墊、線束等

工廠內副線
在工廠內，除了組裝主線外還有另一條副線，引擎、變速器、儀表板、保險桿等會在這裡製造、初步組裝

引擎副線

儀表板副線

保險桿副線

車體製造① 沖壓

汽車的車身是由薄鋼板製成，而這些鋼板是經由沖壓成型的工序塑形。

製造車身零件的沖壓成型

車身等汽車的主要結構零件，通常是使用厚度1mm左右的**鋼板（冷軋鋼板）**製成，而這種鋼板則由鋼板製造商製造，並做成類似衛生紙捲的一個個捲形**鋼捲**出貨到汽車工廠。

載送到汽車工廠後，鋼捲會被展開拉平，依照車門、引擎蓋、側面板等零件的大小剪裁，然後用**沖壓機**製成每種零件的形狀。在絕大多數情況下，大型零件和外觀零件都是在汽車工廠內沖壓製造。

沖壓機上裝有塑形用的模具，製造時是用模具夾住鋼板，然後沖壓成型。由於很多零件沒辦法沖壓一次就成型，所以會分成數道沖壓工程，逐漸成型。

┃ 母板材料的製造 ┃

以鋼捲狀態出貨到工廠的鋼板，會從最外圈開始展開，經過剪裁後送入沖壓機加工。但在沖壓加工前，還必須先讓鋼板不要捲曲。因此，鋼板會經過數次壓縮、拉張，消除材料內的捲曲，使之變成均勻的鋼板。

接著，才能將變平坦後的鋼板依照零件形狀裁切（下料）。

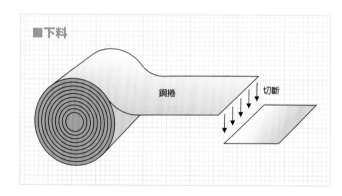

■下料

鋼捲　　　切斷

▲送到汽車工廠的鋼板（鋼捲）

▲被展開的鋼捲。之後會經過壓縮、拉伸等程序消除捲曲

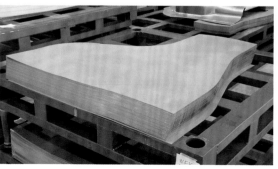

◀按照成品大小裁切後的鋼板（母板材料）

■沖壓機的原理

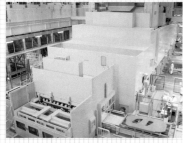

鋼板
（母板材料）

沖壓模具

沖床

防皺壓板

沖壓

安裝在沖壓機上的模具。凹進去的部分叫沖壓模具，將鋼板壓進模中的部分叫沖床

鋼板（母板材料）被沖壓機加壓，塑造成模具的形狀

◀製造汽車車身零件的沖壓機（上）與沖壓成型中的車身零件（下）

| 沖壓加工成型 |

　　儘管每種零件不盡相同，但在沖壓加工的階段，一般像側面板外板這種大型零件，通常需要經過4道工程才能變成成品。

　　首先，被裁切的鋼板（母板材料）會經過拉延工程形成大致的大小和立體形狀。接著再用修邊工程裁掉多餘的形狀。接著，在彎曲工程進行更細部的彎曲加工，製成幾乎等於最終成品的形狀。最後用穿孔工程在成品挖出所需的孔洞後，便完成沖壓的成品了。

　　由於沖壓加工的原理是用非常強大的力量去沖壓鋼板，所以即便只是掉了一根頭髮之類的雜物進到模具，形狀也會直接反映在沖壓成品上，因此必須仔細留意模具中有無灰塵和雜物。

▲用沖壓加工製造出來的側面板外板

■沖壓加工的流程（側面板外板）

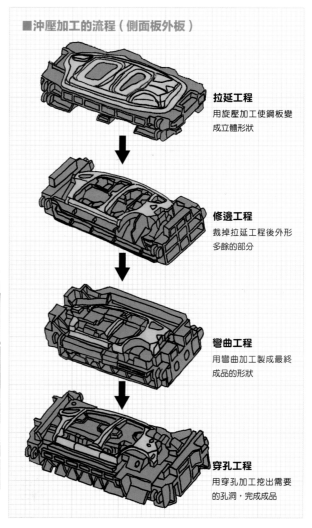

拉延工程
用旋壓加工使鋼板變成立體形狀

修邊工程
裁掉拉延工程後外形多餘的部分

彎曲工程
用彎曲加工製成最終成品的形狀

穿孔工程
用穿孔加工挖出需要的孔洞，完成成品

車體製造② 焊接

汽車的車身是由數塊沖壓成型的薄鋼板零件焊接製成的。

使汽車成型的焊接

由於生產效率較高，沖壓成型後的各個車身零件，主要使用**點焊**的方式來組合成型。

同時考慮到生產效率、精度、品質、安全性等因素，大多數的焊接工程都是由**工業用機器人**來進行。

為了能利用機器人進行焊接，車身從設計階段就已經考慮到板材的對接、形狀以及機器人手臂的軌跡，根據這些因素進行設計。

焊接是將薄鋼板沖壓成品的一部分融化後再接合起來的方法。

現在焊接工程已經完全自動化，各個沖壓零件會經由傳送帶送到焊接機器上裝好，再由機器人進行焊接。而焊接的方法除了主流的點焊外，還有**電弧焊（MIG焊接）、雷射焊**等等。

車身的焊接工程結束後，接著就會進入塗裝工程。此時車門、引擎蓋、行李廂、擋泥板等不用焊接的零件，為了讓塗料可以確實塗到每個角落，會以稍微浮起的狀態固定住。

由於保險桿是樹脂製，因此不是用沖壓和焊接，而是用射出成型的方式製造，並另行塗裝。

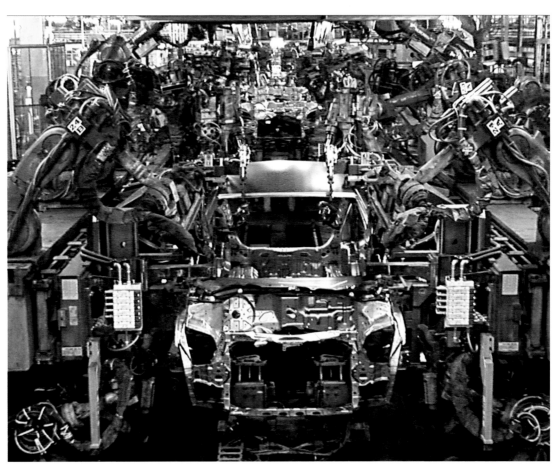

▲由於焊接流水線一般會有各種車型的零件流過，所以焊接機器人的程式會依當前生產的車種預先調整

點焊

點焊是將多個薄鋼板沖壓零件固定壓好,然後通以高電壓,利用電阻的高熱融化鐵和鐵重疊的部分,使之接合在一起的方法。如果是3片左右的薄鋼板,也可以多片一起焊接。

由於焊接時間短、效率高,所以汽車的焊接大多採用點焊。

雖然點焊的板材間隔太大時,車身較難產生剛度,但若是間隔太窄的話,作業工序會比較多,使得成本提高,所以通常會在設計階段檢討決定最適合的焊接點位。

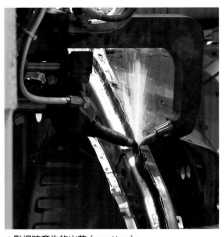

▲點焊時產生的火花(spatter)。
由於火花就是熔核的鐵熔化後的噴濺物,所以會導致焊接的品質變差

■點焊的原理

加壓
電極
焊接電流
母材 │ 熔核
電流
母材
電極
加壓

熔核:熔融部上融化後
又凝固的部分

電弧焊(MIG焊接)

電弧焊指的是利用電極與要焊接之金屬間產生的電弧熱來融化接合部的焊接方法。一般的作法是把焊接材料疊在接合部上一起融化。

在電弧焊中,利用惰性氣體作為保護氣體(保護電弧和焊接金屬不受大氣影響的氣體)的MIG焊接,也被應用於汽車的焊接作業中。由於MIG焊接使用保護氣體,在阻斷空氣的情況下進行焊接,因此比較少發生翹曲,很適合用來焊接薄鋼板。然而,MIG焊接在汽車製造中很難自動化,焊接部的重量也較重,所以並未被大量使用。通常用在點焊機器人的手臂無法進入或需要較高焊接強度的情況。

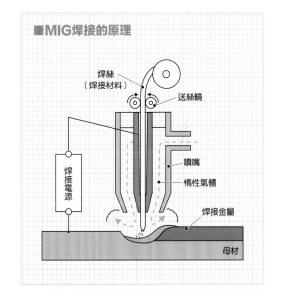

■MIG焊接的原理

焊絲
(焊接材料)
送絲輪
焊接電源
噴嘴
惰性氣體
焊接金屬
母材

雷射焊

雷射焊是用雷射光作為熱源照射金屬,局部融化金屬後再使其凝固的接合方法。其特色是焊接熱的影響非常小,焊接變形少,可以用比點焊更細、更無縫的方式焊接金屬。雷射焊多被用於焊接鋁合金的外框部分,另外也被用於焊接多片不同厚度的薄鋼板(拼焊)。此外,因為它的接合強度超過點焊,所以也被用在車體側欄和無法進行點焊的車頂部位。不過,由於各汽車製造商的想法不同,故使用的部位也各不相同。

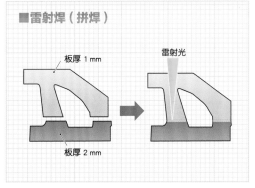

■雷射焊(拼焊)

板厚 1 mm
雷射光
板厚 2 mm

車體製造③ 塗裝

結束沖壓、焊接工程後，接著就是塗裝白車身的塗裝工程。

車身的塗裝工程

完成沖壓、焊接工程後的車身叫**白車身**。在塗裝工程中，為確保品質和外觀，會從**底塗**到**頂塗**，替車身塗上各種各樣的塗料。

白車身首先會被清洗乾淨，然後進行底塗。底塗的目的是防止鏽蝕。接著，再經過**中塗**，然後用車身顏色的漆料進行頂塗，最後進行**清漆**。這一連串的流程被稱為**四塗三烤**（烤就是烘烤使乾燥的意思，一共在底漆工程、中漆工程、清漆之後進行

3次）。

白車身塗裝完後就開始組裝工程，此時車身本體會送去組裝主線，而車門會拆下來送到小組裝線（副線）。這麼做是為了提高組裝效率，同時也比較容易安裝功能性零件。

前處理・底塗工程

車身塗裝的前處理，第一步是在清洗工程洗掉塵埃和油汙。

而在底塗工程中，為了提高防鏽效果，會把白車身整個浸泡到加入水性電著塗料的水池時，使塗料帶正電，車身帶負電，然後讓電流通過，使塗料被吸附到車身上進行塗裝。

等待一段時間後，再洗掉車身上多餘的塗料，接著進行烘烤乾燥。

另外，車身結構上的縫隙會塗上密封劑防止漏水（密封）。車體底部的部分區域則會貼上防震防音材料或者是進行防震防音塗裝。

▲在底塗工程中泡進加入電著塗料的水池中的白車身

◀由工業用機器人進行密封。車身上的細縫會用密封膠封上。

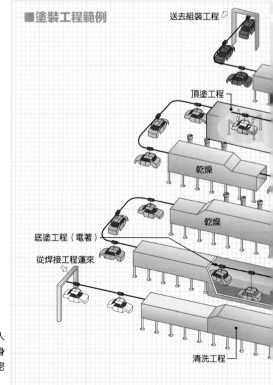

■塗裝工程範例

送去組裝工程

頂塗工程

乾燥

乾燥

底塗工程（電著）

從焊接工程運來

清洗工程

中塗工程

在中塗工程中，會進行以提升成品的外觀質量和增強抗石擊（Chipping）性，以及降低褪色情況為目的的塗裝。此程序會利用工業用機器人噴塗上灰色的塗料。

石擊是指由飛來的小石頭等物體所造成、深達基底材質的塗層損傷。一旦車身受到石擊，就會從損傷處開始生鏽。

頂塗、精修工程

在頂塗工程中，會為車體噴上實際完車顏色的塗料。塗料的顏色除了藍色、紅色之外，還有金屬色、珍珠色等帶有各種光澤的顏色。

而在最後的精修工程中，會替車身塗上俗稱清漆的塗料，為車身增加「光澤」和「強韌性」。清漆的功能是可長久保護汽車最重要的外觀。

▲用車身顏色的塗料塗裝車身的頂塗工程

MINI COLUMN

塗和烤

塗裝工程雖然一般的情況下採用前面說過的四塗三烤，但是有些汽車製造商會採用不同的方式，也就是省略中塗工程，採用三塗二烤的塗裝。

「塗」是塗裝次數，「烤」是乾燥次數的意思。單聽字面上的意思，會讓人以為塗裝程序較多的四塗三烤塗層更厚，光澤可以維持更久。然而實際上並非絕對如此。在汽車的發展期，確實塗裝次數愈多的塗裝愈好，但在塗裝技術更進步的現代，有時三塗二烤的用料更出色。

■塗裝和乾燥的次數

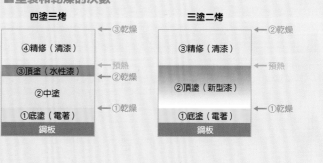

四塗三烤

④精修（清漆）	←③乾燥
	←預熱
③頂塗（水性漆）	←②乾燥
②中塗	
①底塗（電著）	←①乾燥
鋼板	

三塗二烤

③精修（清漆）	←②乾燥
	←預熱
②頂塗（新型漆）	
①底塗（電著）	←①乾燥
鋼板	

乾燥
精修工程（清漆）
預熱
中塗工程
密封

車體製造④ 組裝

汽車的許多零件都是在零件製造商或主線之外進行小組裝，然後再投入到主線。

汽車的組裝工程

完成塗裝後的車身會被放到緩慢移動的輸送帶上，移動至**組裝主線**（也有些是部分用懸吊臂懸吊）。組裝工人會拿起放在生產線旁的零件，將它們組裝到車身上。

沉重的零件會使用輔助裝置減輕作業員的負擔。另外，也有些零件如前擋風玻璃等會用工業用機器人自動組裝。

主線的長度由各汽車工廠自己決定。即使組裝的車種改變，主線長度也不會改變。

另外，依照流入主線的車種不同，有時會出現**工程偏差**（工序多的地方和工序不多的地方產生

的差）。為了解決這問題，工廠會開設**副線**，在副線上將某些零件預先組裝到一定程度（小組裝）後再投入主線。

◀為方便組裝零件，在組裝前先拆下車門的車身

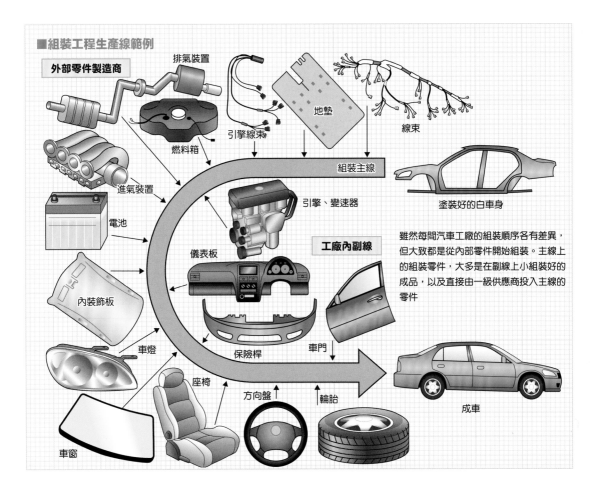

■組裝工程生產線範例

外部零件製造商

排氣裝置

燃料箱

進氣裝置

電池

內裝飾板

引擎線束

地墊

線束

組裝主線

塗裝好的白車身

引擎、變速器

工廠內副線

儀表板

車燈

保險桿

車門

座椅

方向盤

輪胎

成車

車窗

雖然每間汽車工廠的組裝順序各有差異，但大致都是從內部零件開始組裝。主線上的組裝零件，大多是在副線上小組裝好的成品，以及直接由一級供應商投入主線的零件

▌引擎的組裝 ▌

由於引擎會先跟變速器進行小組裝，某些情況下還會跟前底盤小組裝後，才送入主線組裝，因此重量會變得相當重。所以引擎的組裝大多是用吊臂吊起車身，再用機器把小組裝完成的引擎從下方往上推升組裝起來。

▌儀表板的組裝 ▌

儀表板也是會先跟儀表和導航裝置等許多零件小組裝成一定成品的沉重零件。因此，通常會用工業用機器人輔助移入車內，減輕作業員的負擔。移入後再由其他作業員快速地用螺絲鎖到前擋板上。

▌座椅的組裝 ▌

座椅會先把坐墊到安全帶等零件都組裝完成後，再由一級供應商直接送到生產線旁。汽車座椅也跟儀表板一樣屬於沉重零件，因此通常會用工業用機器人自動移至車內，或由作業員在工業用機器人的輔助下移入車內用螺絲組裝。

▌車窗的組裝 ▌

車門窗是在車門的副線上安裝到車門，但前擋風窗和後擋風窗是在主線上被裝上車身。

這項作業在絕大多數的生產線上都是完全自動化的。過程中會先由一台機器人負責將黏接玻璃與車身的黏著劑塗上車身，然後再由另一台機器人舉起玻璃，偵測車身的位置，將玻璃黏上去。

▌車門的組裝 ▌

車門在副線組裝完成後，會被送到主線的最尾端進行組裝。

由於車門也屬於沉重零件，所以會有工業用機器人輔助作業員。組裝上去後，作業員會檢查開關是否正常，並在需要時微調用來扣住車門鎖的門扣位置。

副線① 引擎

組成引擎的零件是由外部零件製造商生產，然後再送到汽車工廠內的副線組裝。

引擎的組裝工程

活塞和汽門等的引擎零件，幾乎都是由汽車製造商以外的零件製造商生產（也有些車廠自己生產汽缸體等主要零件）。接著引擎零件會被出貨到汽車工廠，在**副線**組裝成**引擎**（也有些是在引擎的專門工廠組裝）。

在引擎副線上，各部位的零件會依序被安裝到基底的**汽缸體**上。而**汽缸蓋**和**進氣歧管**等零件，大多會在副線前的**小組裝線**上提前組裝好。

引擎組裝起來後，接著會裝上變速器，有時還會先跟前底盤組合成一體，然後再投入組裝主線。整個組裝流程就像數條小支流匯聚到一條大河一般，逐漸成型。

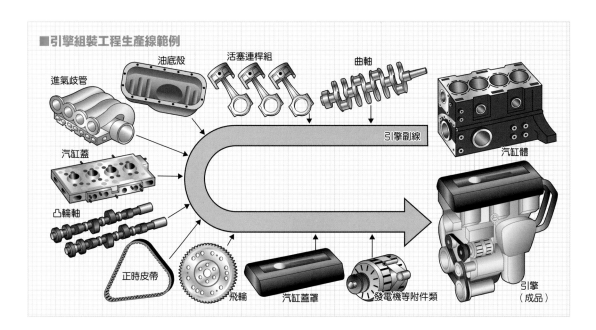

■引擎組裝工程生產線範例

進氣歧管　油底殼　活塞連桿組　曲軸　引擎副線　汽缸體　汽缸蓋　凸輪軸　正時皮帶　飛輪　汽缸蓋罩　發電機等附件類　引擎（成品）

▍曲軸的組裝▍

曲軸的組裝步驟，第一步是把嵌合好的主軸承裝上汽缸體，然後從汽缸體的油底殼面側將曲軸組裝上去。接著，再裝上活塞連桿組。由於曲軸是引擎的轉軸，所以在裝上活塞連桿組後，還要檢查旋轉時的滑動情況。

▌活塞連桿組的組裝 ▌

從墊片面側將活塞連桿組插入作為基底的汽缸體。在此過程中，為了讓引擎順暢運轉並使汽缸之間的摩擦阻力一致，會預先測量活塞與汽缸體的孔徑，以確保孔徑相符。各連桿組的重量也幾乎相同。

活塞連桿組會在小組裝線上預先組裝。

▌汽缸蓋的組裝 ▌

將小組裝完成的汽缸蓋裝上汽缸體。接著，再把凸輪軸裝上汽缸蓋。

最後，還要檢查冷卻水套內的水或油會不會從汽缸蓋和汽缸體的連接部滲漏。

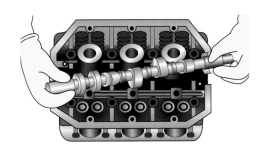

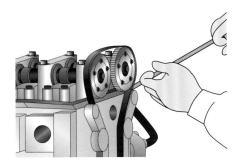

▌正時皮帶的組裝 ▌

安裝正時皮帶驅動機構、驅動鏈輪、皮帶張緊器、正時皮帶等皮帶相關組件。接著，再裝上覆蓋這些零件的皮帶箱（也有些引擎不用皮帶，而用鍊條）。

之後再裝上曲軸輪、飛輪，然後調整汽門間隙，裝上汽缸蓋罩，引擎本體便幾乎完成了。接著，再組裝俗稱引擎附件的發電機和起動馬達等。

MINI COLUMN

引擎零件的製造

汽缸體和汽缸蓋、活塞等引擎零件，由於形狀複雜且必須輕量化，通常採用鋁合金鑄造。接著，再經過機械加工變成完成品。

鋁合金鑄造是將鋁合金加熱融化，注入鑄模來塑形的方法。

由於連桿和齒輪等零件需要強度，所以通常採用鍛造。所謂的鍛造，是藉由將鐵加熱後加壓調整鐵的結晶來提高強度的方法。作法是透過敲打使金屬分子的排列變整齊，同時提高密度，增加強度。

■鑄造和鍛造

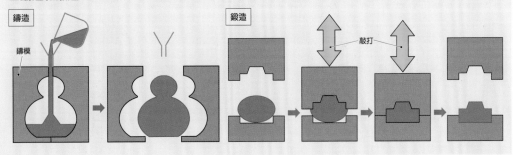

副線② 車門和儀表板

牽涉到許多組裝工序的車門和儀表板，大多是在副線上組裝。

車門的組裝工程

跟白車身一起塗裝的**車門**，會在進入組裝主線之前暫時從車身拆下，拿到**副線**上組裝。

車門本體是由**車門面板**的外板、內板，以及**車門飾板**組成，而裡面則是中空的。這個狹窄的中空空間是用來安裝讓**車窗**上下滑動的機構（**升降器**）和導槽、連接**外門把手**和**內門把手**的橫桿類，還有**門鎖機構**等。另外，也有些車種的結構會在裡面安裝**揚聲器**。

車窗必須可以上下滑動，但車門本身又得要開開關關，所以車窗的滑動機構零件必須安裝得足夠牢固，不只要能夠承受開關時的衝擊力，還需進行相當精密的運作。

車門組裝好後，會被送到主線的最後方組裝成成車。

▲車門副線的模樣

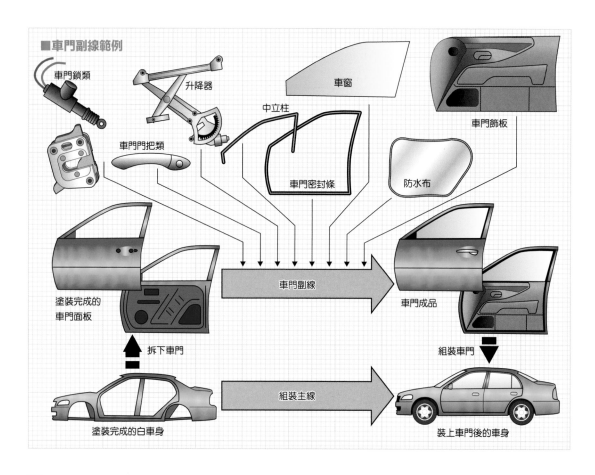

■車門副線範例

車門鎖類　　升降器　　　車窗　　　　車門飾板

車門門把類　　中立柱

車門密封條　　防水布

塗裝完成的車門面板　　　車門副線　　　車門成品

拆下車門　　　　　　　　組裝車門

塗裝完成的白車身　　　組裝主線　　　裝上車門後的車身

儀表板的組裝工程

先將跟保險桿一樣用**射出成型法**成型的**儀表板本體**裝上**框體**，然後依序裝上其他功能性組件。有些汽車製造商採用在主線把框體裝上車身，然後再把儀表板裝入框體的方法。為提高質感，儀表板本體也存在各式各樣的加工方法。

儀表板中會預先小組裝的主要零件，包含**儀表板框體**、**副駕駛席安全氣囊**、**空調系統**、**儀表**、

車用導航控制元件、**車用音響**、**雜物箱**、**裝飾條**等等，會安裝非常多的功能性組件。也有些車的構造會把**暖風機**安裝儀表板內。

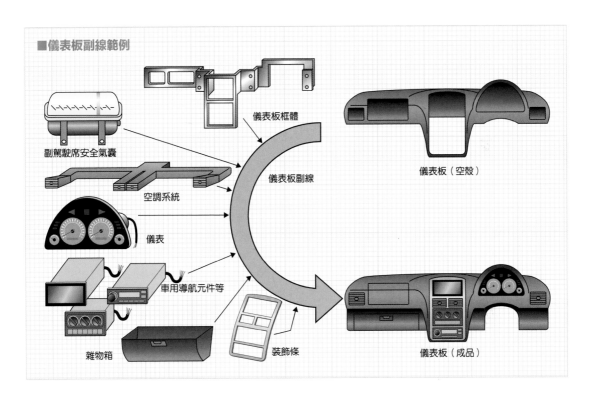

■儀表板副線範例

儀表板框體

副駕駛席安全氣囊

空調系統

儀表板副線

儀表板（空殼）

儀表

車用導航元件等

雜物箱

裝飾條

儀表板（成品）

MINI COLUMN

儀表板的製造

儀表板除了外側配有儀表等功能性組件外，在內側也有很多功能性組件。因此，這些零件的組裝都有一定的強度要求。

但如果針對每個零件加強，形狀必定會變得相當複雜，所以大多數車輛的儀表板本體都是用射出成型的方式製造。射出成型是用成型機將具有熱可塑性的樹脂材料加熱融化後，加壓射出到模具，等冷卻凝固後再脫模取出的成型方法。

■射出成型

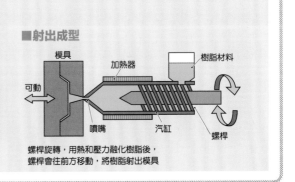

模具
加熱器
樹脂材料
可動
噴嘴
汽缸
螺桿

螺桿旋轉，用熱和壓力融化樹脂後，
螺桿會往前方移動，將樹脂射出模具

成車檢驗

組裝完成的汽車必須先接受品質檢驗，才能從工廠出貨。

保證品質的成車檢驗

汽車在組裝好後，必須一輛一輛接受引擎動力系統檢查、煞車等的作用功能檢查、車頭燈光軸檢查、排氣檢查等許多項目的檢驗。然後，在所有檢查中合格的汽車，才能拿到保證成車品質的**車輛合格證**，最終變成成車。

萬一某輛車在成車檢驗中被判定無法確保品質，就無法拿到合格證；但基本上為了避免發生這種情況，各組裝零件在進入組裝主線前都會預先確認品質，或是在各組裝工程的源頭進行品質保證檢查。

▌外觀檢查▐

在成車流水線排列大量日光燈，檢查車身有無傷痕或灰塵造成的塗裝瑕疵，並確認塗層表面。同時也會用肉眼仔細檢查車身有無變形等情況（有時在塗裝工程完成後，也會先進行一次外觀檢查）。

另外，由於日光燈的燈管是長條形，在車身表面反射時有助於看出車身的變形和確認塗層表面，因此外觀檢查時常使用日光燈。

▌漏水檢查▐

讓成車通過會從各種角度噴出強力水柱的通道。尤其是車門和天窗等開闔部分，以及車身的密封部分，會重點檢查有無漏水情形。

▌行駛檢查▐

在滾輪上實際發動引擎，踩下油門，讓輪胎跟實際行駛一樣轉動。模擬低速到高速行駛的情況，檢查引擎與變速器功能、時速計功能以及煞車性能等各動力功能。

▌成車路跑測試▐

在測試用跑道上實際駕駛成車,檢查加速和煞車等動力性能,並依需求確認行駛時有無雜音等問題。

▌成車▐

拿到車輛合格證後的汽車,在完成新車鍍膜的保護處理後,會暫時集中存放在工廠內。

之後,再由專用的卡車運送到全國的銷售門市和使用者身邊。

MINI COLUMN

日本工廠的特色「改善」

汽車一般是由組裝工人負責組裝。而日本汽車工廠的作業員,除了會確實直下各工程必須完成的作業外,還會在自己負責的作業中尋找「這樣做更能保證品質」或「這樣做可以更快完成作業」等只有第一線人員才明白,或是只有在現場才能發現的改善點,然後提報給上司參考,進行「改善」。持續性地重複這個做法,可以縮短作業時間達到削減成本以及提升品質的效果。

▲可以無負擔提高零件組裝效率,由現場作業員想出的「輕鬆座椅」。可讓作業員坐著進行車內的組裝工作

（照片提供：豐田汽車）

防撞安全措施

　　防撞安全措施可分為被動式安全系統（passive safety）和主動式安全系統（active safety）。前者是在事故發生時將對人體造成的影響降至最低的技術統稱。後者又叫預防式安全措施，是有助於迴避衝撞的技術統稱。

　　近年日本交通事故的死者以「乘坐汽車時」和「步行時」為大宗。因此日本政府制定了被動式安全系統的防撞安全基準，推行全幅前撞測試、偏移前撞測試、側撞測試、行人保護測試等。

　　同時除了防撞安全基準外，日本的國土交通省和汽車事故對策機構，也針對目前市售汽車的安全性能進行試驗和評量，並透過新車安全評等制度（NCAP）公布。NCAP的目的是讓消費者可以更輕易地找到安全的汽車，同時督促汽車製造商開發更安全的汽車，促進安全汽車的普及。

　　為了達到這個目的，日本NCAP開始用更嚴格的條件進行安全測試，即使是先前已經通過防撞安全基準的乘用車也不例外，並致力減少車種造成的差異，將結果公諸於眾。同時，作為NCAP的一環，日本還實施了兒童座椅安全評價制度，對兒童座椅的安全性能進行比較測試（前撞測試、使用性評估測試）。

　　另一方面，對於主動式安全系統，日本也同樣會對煞車性能本身，以及近年受到關注的迴避事故用的衝撞減輕煞車性能、標線超出警報等功能進行測試評量，並透過NCAP公開結果。

環境友善的汽車

近代以來，隨著重工業的發展，人類生活的便利性和舒適性有了飛躍性提升。然而另一方面，卻也為地球環境帶來各種各樣的新問題。從工業、運輸到家庭生活中人為排放的二氧化碳所引起的全球暖化，乃至人類生活主要能源的化石燃料枯竭，這種種問題的原因都跟汽車有關。如今，社會需要對地球更友善的環保汽車。在第3章，我們將以電動車、混合動力車、燃料電池車為中心，一起來認識環保汽車。

電動車（EV）① 構造

因為環境問題加劇，以及電池技術的進步，近年電動車逐漸受到關注。

只靠電力行駛的汽車

電動車指的是以電力為能源，靠**馬達**行駛的汽車，又簡稱為 **EV（Electric Vehicle）**。雖然廣義上混合動力車和燃料電池車也可以算是電動車，但一般來說這個詞專指除了鉛蓄電池，還裝有大容量的**二次電池**，並且完全依賴電池行駛的車種。二次電池是可以反覆進行充電的電池，且出於充電量大小和充放電性能考量，通常是採用**鋰離子電池**。

EV基本上使用**逆變器**來控制用車外電源替電池（二次電池）充電的電能，然後將電能傳導至馬達轉換成動力。跟內燃機汽車相比，EV的零件數量大幅減少，構造也相對簡單得多，但電池成本卻很高昂，所以目前價格比內燃機汽車昂貴。同時，車用鋰電池還存在耐久性等品質問題，最重要的是EV即使在充滿電的狀態下，續航能力也比內燃機汽車更短。

因此，目前EV車廠正努力廣設能夠讓EV在旅程途中充電的快速加電站，不過仍然沒有加油站那麼普及，同時頻繁地快速充電也不利於電池壽命。此外，還有在極寒天氣和酷暑天氣等嚴酷環境下的使用問題，EV要能夠完全取代內燃機汽車仍有許多困難要克服。

■ **EV 的結構範例（BMW i3）**

EV主要由馬達、動力控制單元（逆變器、DC/DC 轉換器）、電池組成

電池（二次電池）：
EV用的鋰離子電池，是把許多「cell（單電池）」集中封裝成一輛車用的電池。由於使用時溫度會上升（尤其是快速充電時），所以大多採用可以空冷的系統。考量到電池的安全性，EV採用了以車身骨架來保護電池的結構，同時裝有碰撞偵測系統，可以即時阻斷高電壓

充電接口：

電動車的充電接口，大致可以分為日本所採用的CHAdeMO規格以及歐盟、美國採用的CCS規格2大類。CHAdeMO規格是由CHAdeMO協議會提出的快速充電標準規格商標名稱，同時有「CHArge de MOve＝移動用的充電」、「de＝電」、或是「（在汽車充電時）喝杯茶」這3種含意

動力控制單元：

動力控制單元是由逆變器和DC/DC轉換器組成。逆變器負責將電池送來的直流電轉換成交流電，然後送去馬達。另外，逆變器也能調節電流量來控制馬達的出力。DC/DC轉換器則是負責替車用音響、導航、車頭燈等使用12V直流電源的電裝品供電，它的功能是降低行駛用的鋰離子電池的高電壓，再送給各個電裝品

馬達：

由馬達驅動的EV的特徵之一，就是可以從靜止狀態一口氣發揮最大扭力，所以加速力非常優秀。同時，EV在運轉時也非常安靜。而在減速時，EV的馬達具有動能回收功能，可以變成發電機，回收一部分的減速能量

（照片提供：BMW）

電動車（EV）② 馬達的特性

EV所用的馬達，能量轉換效率遠遠超越汽油引擎。

跟汽油引擎比較

由於汽油引擎在低轉速時缺乏扭力，所以必須依照行駛情境設置多個齒輪檔位。同時，因為汽油引擎依賴汽油混合氣的點燃爆炸獲得動力，部分能量會變成熱能排放出去，所以能量效率也不太好。

而**馬達**可以從靜止狀態一口氣發揮出最大扭力，所以不需要用齒輪變速，從低速到高速的加速力很優秀。同時，馬達的另一個特色是能量轉換效率很好。

EV的結構很樸素，不像汽油引擎車一樣需要進排氣設備和引擎的冷卻設備。汽油引擎車的引擎性能是汽車製造商之間的一大競爭點，但由於馬達的結構天生就擁有很高的能量效率，所以沒有什麼競爭的空間。EV最大的挑戰目前在於關係到續航距離的電池性能和價格，而這方面的技術還有待研發。

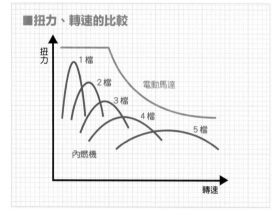

■扭力、轉速的比較

扭力

1檔
2檔
3檔
4檔
5檔
電動馬達
內燃機

轉速

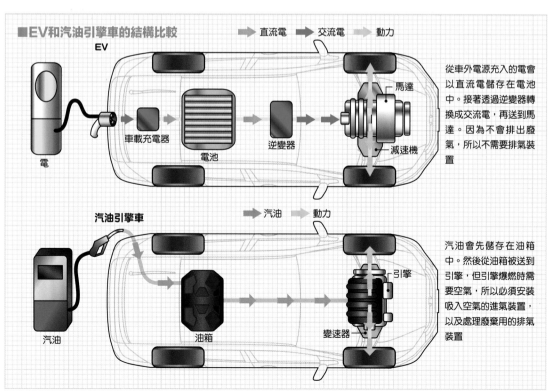

■EV和汽油引擎車的結構比較　　➡ 直流電　➡ 交流電　➡ 動力

EV

電　車載充電器　電池　逆變器　馬達　減速機

從車外電源充入的電會以直流電儲存在電池中。接著透過逆變器轉換成交流電，再送到馬達。因為不會排出廢氣，所以不需要排氣裝置

汽油引擎車　　➡ 汽油　➡ 動力

汽油　油箱　變速器　引擎

汽油會先儲存在油箱中。然後從油箱被送到引擎，但引擎爆燃時需要空氣，所以必須安裝吸入空氣的進氣裝置，以及處理廢棄用的排氣裝置

動能回收煞車系統

汽油引擎車在減速時，煞車產生的熱能會逃逸到大氣中；但 EV 裝有發電機，可以用這個能量替電池充電，等有需要的時候再拿出來使用。這叫做**動能回收煞車**。

然而回收力太強的話，光是把腳鬆開油門，車體就會猛力減速，會跟傳統汽車的駕駛感存在極大差異。

因此，絕大多數的 EV 在單純鬆開油門時不會馬上大幅回收動能，而是配合駕駛踩煞車的力道慢慢提高動能回收的程度。

而 BMW i3 等車款，則是提出了 EV 的新行駛方法，故意設定成只要鬆開油門就會大幅回收動能。

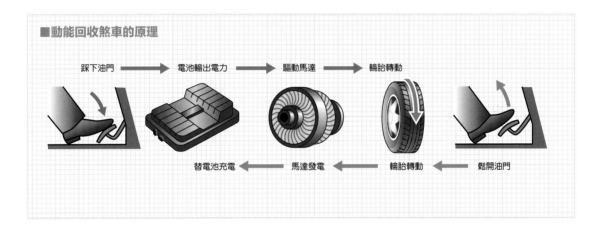

■動能回收煞車的原理

踩下油門 → 電池輸出電力 → 驅動馬達 → 輪胎轉動

替電池充電 ← 馬達發電 ← 輪胎轉動 ← 鬆開油門

MINI COLUMN

超小型電動車

解決搭載鋰離子電池的EV所面臨的續航距離、成本、充電時間等問題的其中一種方案，是打造「小電池數的短程移動專用車」。這就是EV的小型化方案，而此方法也於一定程度上解決了上述問題。

2～3人座的超小型電動車，被認為很適合作為都會區的短程移動和偏遠地區的交通工具。然而，目前仍有成本上的問題，而且價格會比有空調又舒適的輕型車更貴，所以還有難關要克服。

▲超小型電動車「Honda MC-β」

混合動力車（HV）① 構造

混合動力車有很多種設計方式，且每家汽車製造商的結構都不盡相同。本節將以豐田Prius為例進行解說。

擁有多個動力來源的汽車

混合動力車指的是擁有2種不同動力來源（汽油等內燃機引擎和電動馬達等），除了一般的鉛蓄電池外，還備有大容量的二次電池，並且可將動能回收再作為動力的汽車。俗稱**HV（Hybrid Vehicle）**或**HEV（Hybrid Electric Vehicle）**。

混合動力車的特色，是可將減速時的動能回收，將之轉換成電能儲存在電池中，並在汽車發動或加速時將電力送到馬達轉換成驅動力，如此一來就能夠減少行駛時內燃機引擎的燃料使用量。

混合動力車的問題，在於雖然有馬達的輔助，內燃機本體的尺寸可比同級汽油車更小，然而因為還要加裝電池和馬達，所以結構變得更加複雜，單價也較高。

考慮到車輛價格昂貴，混合動力車能在行駛時省下多少的燃料費就變得很重要。而決定省油能力的關鍵，在減速時能回收多少能量儲存到電池中轉給馬達使用，因此在加減速頻率低的長距離高速公路行駛和長距離的爬坡路段，較難發揮混合動力車的價值。

■ HV結構範例（豐田Prius）

引擎：
多數混合動力車的引擎，是以跟馬達混合驅動為前提設計，故採用阿特金森循環的高效率引擎

動力分割機構：
將引擎產生的動力分配給驅動馬達和發電機的裝置。在傳動系統的動力有餘裕時，將動力送到發電機進行充電。為提高分配效率，採用行星齒輪機構

馬達：
使用交流同步馬達。為了從低轉速到高轉速下都能有效產生大扭力，馬達的轉速和扭力受到精密控制

發電機：
馬達靠電力運轉，但若用外力轉動馬達，馬達也能反過來產生電力。利用這個原理，便可以驅動輪的回轉力發電，替電池充電

減速齒輪：
增幅馬達扭力用的減速機。在降低轉速後將馬達的驅動力傳給車輪，藉此增加扭力產生更大的驅動力

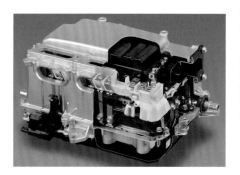

動力控制單元：
轉換直流電和交流電，將電源電壓調整至合適程度的裝置，由逆變器、可變電壓系統、DC/DC 轉換器組成。逆變器用來將電池的直流電轉換成馬達和發電機可用的交流電，並把發電機和馬達產生出的交流電轉換成可替電池充電的直流電。可變電壓系統能夠將馬達和發電機的電壓升至最高 650V 左右，發揮高出力馬達的性能，提高系統整體的效率。DC/DC 轉換器則用來將電池或發電機產生的高壓電降壓到 12V，供給車輛的電裝品使用

▲ HV 主要由引擎、馬達、動力分割機構、減速齒輪、發電機、動力控制單元（逆變器、DC/DC 轉換器）、電池組成

動能回收煞車：
減速時的能量不是變成煞車熱逃逸到大氣中，而被用來轉動發電機，替電池充電。由於動力被用來轉動發電機，因此減速時的感覺就像對引擎踩煞車

電池（二次電池）：
將多個小鋰離子電池或鎳氫電池集中連成一個電池組，然後再將多個電池組集中產生足夠的電壓，放入電池箱中使用。電池在充放電時會發熱，而電池在高溫下會劣化，所以電池箱中裝有冷卻系統（進排氣管或風扇）

（照片提供：豐田汽車）

混合動力車（HV）② 方式

HV有很多種設計方式，本節將介紹其中3個代表性的種類。

HV的主流驅動方式

HV可大致分成以下3種驅動方式。

可最大程度提升HV燃油效率的**混聯式**（在日本又叫**分離式**）；以引擎作為主要動力，以馬達作為輔助動力，輕量且便宜的**並聯式**；以及引擎只用來發電的**串聯式**。

由於HV的技術日新月異，因此相信未來還會出現根據這些方式改良，或是衍生而成的新驅動方法。

另外，在分別安裝馬達和引擎這點上，也存在用馬達驅動FF驅動車的後輪，只在需要時變成4WD驅動的設計，以及把引擎的發電機當成輔助馬達，只提供少許輔助驅動力的設計。

▌混聯式（分離式）▌

以馬達和引擎這2種動力驅動車輪，同時又另外安裝發電機，可利用行駛時多餘動能和減速時的回收動能進行發電。動能回收效率高，是一種燃料效率很高的驅動方式。

可運用儲存在電池中的電力，在起步和低速行駛時單靠馬達行駛，在高速公路上則同時使用馬達和引擎行駛，依照不同的行駛情境進行精細控制。

然而，跟並聯式相比，由於混聯式需要2個馬達，所以成本會提高，車身也變重。一般又稱為雙馬達式，以THS（Toyota Hybrid System）等為代表。

■混聯式範例

→ 電力　　　→ 驅動力

動力控制單元　馬達　減速機　電池　發電機　動力分割機構　引擎

▌並聯式▌

引擎的馬力跟一般的汽油引擎車幾乎相同，也擁有變速器，並依靠這兩者驅動車輪。與此同時也使用馬達驅動，並可以回收煞車動能來發電（充電）。

馬達兼任動能回收煞車的發電機，在汽車發動到加速的階段輔助引擎。因為結構以傳統汽油引擎為主，所以又叫馬達輔助式。

只有1個馬達，電池容量也少，因此車體較輕且成本低廉，可算得上是能兼顧油耗平衡的系統。然而，動力回收和雙動力源的控制較為複雜。另外，也不能同時發電和驅動。以本田IMA等為代表。

■並聯式範例

→ 電力　　　→ 驅動力

引擎　變速器　減速機　馬達　動力控制單元　電池

▌串聯式（增程式）▌

引擎只用來發電，用馬達驅動和回收動力的方式，又叫增程式。感覺就像在EV裝上發電用的引擎，用引擎驅動發電機，再將發電機產生的電力儲存在大容量電池中，然後用電池電力驅動馬達行駛。

對於EV的主要難題之一續航能力短的問題，只要採用此種方法，就可以用引擎即時發電，透過補充汽油等燃料的方式來解決續航問題。然而，如果用外部電源充電，只在EV續航範圍內短程駕駛的話，引擎和燃料箱就完全沒有用處。

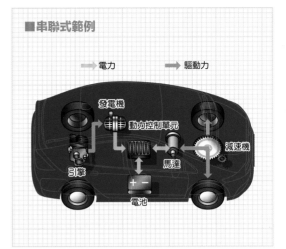

■串聯式範例

➡ 電力　　➡ 驅動力

發電機　動力控制單元　減速機　引擎　馬達　電池

MINI COLUMN

跟混合動力類似的系統

還有一種類似並聯式混合動力車，發電機兼有輔助動力馬達功能，俗稱輕混合動力的設計。這種車裝有鋰離子電池（在HV二次電池中屬於小型），能夠回收減速時的動能儲存在電池中，並於汽車行駛時使用。

另外，也有些輕混合動力裝有小出力的ECO馬達，擁有近似並聯式混合動力的系統。

但不論是上述的哪一種，都只擁有少量的高成本電池，以兼顧系統成本和降低油耗為主要考量。

除此之外，也有加上馬達來驅動FF汽油引擎車的後輪，可以變成4WD驅動的系統（e-4WD系統）。雖然這種車在併用引擎和馬達這點上可稱為混合動力，但因為沒有安裝鋰離子電池，也不使用回收動能，所以一般不被歸類在混合動力車。

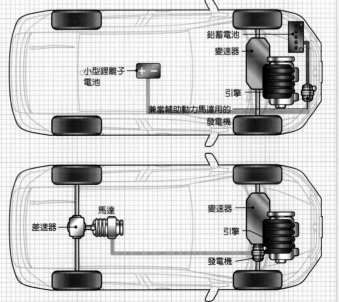

■輕混合動力車範例

兼當輔助動力馬達用的發動機，會在減速時發電，替鉛蓄電池或小型鋰離子電池充電，並在加速時變成驅動馬達輔助引擎

小型鋰離子電池

鉛蓄電池　變速器　引擎　兼當輔助動力馬達用的發電機

■e-4WD系統範例

馬達的供電不透過電池，直接來自發電機

差速器　馬達　變速器　引擎　發電機

混合動力車（HV）③ 原理

由於HV同時靠引擎和馬達驅動，所以如何控制這兩者非常重要。

HV的行駛原理

混聯式的HV由於行駛時的動力來源有引擎和馬達2種，因此會利用電腦（ECU）控制，考慮引擎和馬達的出力特性、電力殘量等因素，有效分配兩者的動力。另外，也會有效率地管理並且進行充電。

一般來說，由於在起步到低速行駛的階段，馬達的扭力比引擎更大，所以會以馬達為主要動力。

還有，因為驅動馬達的電力，來自煞車時回收儲存在電池中的能量，所以如何有效提升充電量，就是提高燃油效率的關鍵。然而，如果增加鬆開油門時的動力回收量，車子就會突然減速，所以回收幅度必須盡量控制在不會讓駕駛者感到不自然的程度。

▌起步▌

起步時用馬達起步。

馬達在低轉速下也擁有較大扭力，所以只用馬達的力量發動。

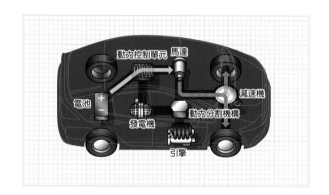

▌低速行駛▌

在低速區，馬達的扭力大、效率好，而引擎的扭力小、效率差，所以用馬達驅動。

當電池蓄電量不足時，則用引擎動力發電來驅動馬達。另外，在某些形式條件下也可能改用引擎驅動。

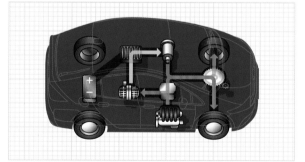

▌一般行駛▌

一般行駛時以引擎為主動力，並依照行駛狀況由ECU控制適合的驅動方式和動能回收。

例如，當引擎動力有多餘能量時，就用發電機將動能轉換成電能，儲存在電池中避免浪費。

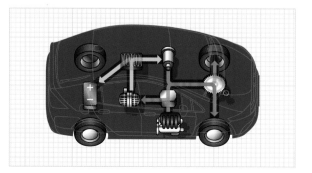

▌高速行駛▐

在陡坡或需要超車等需要強大加速力的時候,同時驅動馬達和引擎2個動力來應對。

如果此時電池的蓄電量不足,就不會驅動馬達。

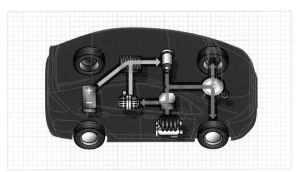

▌減速▐

鬆開油門或踩下煞車減速時,用車輪的回轉力轉動發電馬達,將減速的動能轉換成電能。

踩下煞車的時候,會更劇烈地回收動能,而幅度則由ECU協調控制。

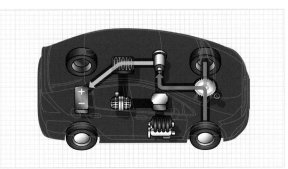

▌停車(怠速熄火)▐

在等紅綠燈之類汽車停止的時候,停下引擎、馬達以及發電機,減少怠速狀態浪費的能量。

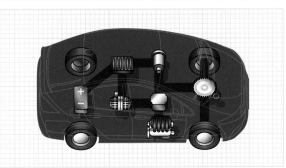

MINI COLUMN

怠速

停車時在引擎不停止的範圍內,盡可能將節流閥關小,用少量燃料運轉引擎的狀態,稱為怠速。然而,由於日本的行車環境走走停停的次數比較多,因此即便只消耗很少燃料,引擎怠速仍會影響油耗。引擎怠速同時也會產生廢氣汙染環境,所以日本政府鼓勵駕駛盡量不要讓引擎進入怠速狀態(怠速熄火)。

近年愈來愈多汽車安裝可在停等紅綠燈時自動停止引擎的「怠速熄火系統」。在構造上,混合動力車雖然可以將怠速熄火系統納入馬達控制系統內,但一般汽油引擎車加入怠速熄火系統後會導致起動馬達使用頻率激增,因此會搭配支援怠速熄火系統的高耐久起動馬達或高性能電池。

■怠速熄火

插電式混合動力車（PHV）

也有可以插電直接替電池充電的HV。

擁有EV功能的HV

　　插電式混合動力車比HV搭載了更多電池，在平常的短程行駛時可當EV，在長距離行駛時可當HV。它兼具EV和HV的功能，可以依照情況切換使用模式，不需要擔心沒電。俗稱**PHV**（**Plug in Hybrid Vehicle**）或**PHEV**（**Plug in Hybrid Electric Vehicle**）。

　　雖然會因為車種而有所不同，但通常當EV時的續航距離為30km左右。另外，根據研調，80％的一般使用者一天的行駛距離都在20km以下。所以PHV在多數情境下是可以當成EV使用的。此時，PHV的引擎不會發動，也不消耗汽油。

　　另一方面，如果行駛距離經常超過EV續航距離的話，就會換成消耗汽油的HV模式，必須經常加油。其中EV的總續航距離（30km左右）能省下的汽油量只有2公升左右。另外，因為同時擁有EV和HV的功能，所以車體通常很重，價格也比較貴。

■PHV的結構範例（豐田 Prius PHV）

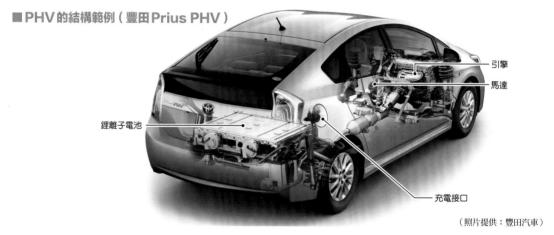

引擎
馬達
鋰離子電池
充電接口

（照片提供：豐田汽車）

■PHV的特徵

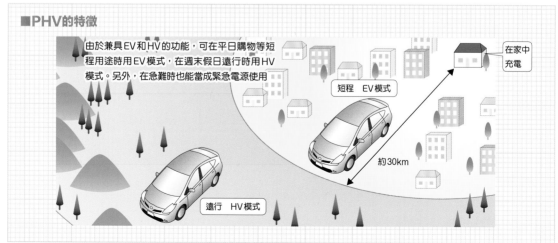

由於兼具EV和HV的功能，可在平日購物等短程用途時用EV模式，在週末假日遠行時用HV模式。另外，在急難時也能當成緊急電源使用

在家中充電
短程　EV模式
約30km
遠行　HV模式

乾淨柴油引擎

汽油引擎是用火星塞點燃油氣，而柴油引擎則是將空氣強力壓縮至高溫後再噴出柴油，使其自然著火。

雖然柴油引擎的扭力高、油耗低，因此二氧化碳的排放量也更少，但柴油的燃燒不完全，會釋放出NO_x（氮氧化物）和懸浮微粒（變成黑煙的煤灰）等有害物質。

然而，在一家名叫博世的製造商開發出名為「共軌噴射系統」的新型燃料噴射系統後，柴油引擎變得可以進行細微燃料噴射控制，做到接近完全燃燒。這可以減少柴油引擎產生的NO_x和懸浮微粒，同時令柴油引擎的安靜性、扭力、油耗等整體性能有了飛躍性的提升。

柴油引擎一般會裝設NO_x後處理裝置和去除懸浮微粒的DPF（Diesel Particulate Filter，柴油微粒濾清器），但近年隨著汽缸內的低壓縮化，柴油引擎實現了「DPF小型化」和「無NO_x後處理裝置」，推出能夠符合在全球也屬特別嚴格的「平成22廢氣排放標準（日本）」和「歐盟6期廢氣排放標準（EURO 6，歐洲）」法規的產品。

這些新型柴油引擎被稱為乾淨柴油引擎，在歐洲正成為環保車的主流，在日本也逐漸增加。

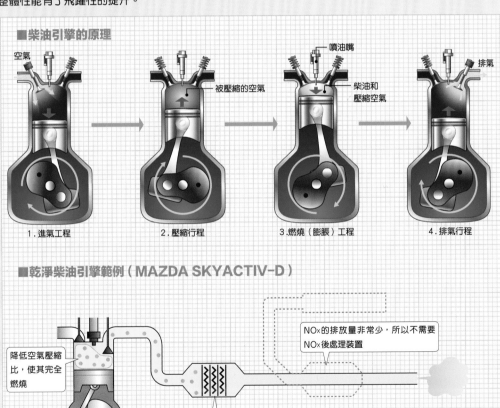

■柴油引擎的原理

空氣　　　　　　　被壓縮的空氣　　　噴油嘴　　柴油和壓縮空氣　　　排氣

1.進氣工程　　　　2.壓縮行程　　　　3.燃燒（膨脹）工程　　　4.排氣行程

■乾淨柴油引擎範例（MAZDA SKYACTIV-D）

NO_x的排放量非常少，所以不需要NO_x後處理裝置

降低空氣壓縮比，使其完全燃燒

懸浮微粒的排放量減少，故DPF可縮小

由於高壓高溫的空氣不容易跟柴油混合，所以容易導致混合不均勻。而使用低壓縮比的設定，空氣就可以跟柴油均勻混合，完全燃燒。如此一來NO_x和懸浮微粒的產生量變少，便可以縮小或拿掉過濾裝置

燃料電池車（FCV）

用汽車內充填的氫跟空氣中的氧發電，再用電力驅動馬達行駛的汽車，就叫FCV。

以氫為能量發電的汽車

由於**燃料電池車**同樣依賴電池和馬達行駛，所以可以算是EV的一種，但它的電池不是靠外部電源充電的蓄電池（二次電池），而是利用充填在燃料箱中的氫和空氣中的氧反應來發電的裝置（**燃料電池**），並用燃料電池驅動馬達來行駛。燃料電池車又簡稱**FCV（Fuel Cell Vehicle）**。

FCV也跟HV一樣，除了通常的鉛蓄電池外還搭載了二次電池，可將動能回收並儲存，並在需要時當成動力使用。

同時FCV只需像加油一樣替燃料箱填充氫燃料便能行駛，不像EV一樣會缺電，加滿燃料後的續航距離比汽油引擎車更長。而且燃料電池排放的副產物只有水，被認為是次世代環保汽車的最有力候補。另外，燃料電池在急難時也可以當成緊急電源使用。

目前FCV的課題是氫燃料不易儲存運送，使得**加氫站**難以普及，以及車輛的造價昂貴。由於氫元素在常溫常壓下是氣態，因此從製氫工廠到加氫站的運送效率很差。雖然直接在加氫站生產氫氣就可以解決運輸問題，但如此一來加氫站的建造成本又會變得太昂貴。

即使只考慮FCV本身的成本，由於燃料電池和燃料箱很占車體空間，因此整體的造價依然非常昂貴。

■FCV的結構範例（豐田MIRAI）

FCV主要由馬達、燃料電池、氫氣箱、動力控制單元（逆變器、DC/DC轉換器）、蓄電池組成

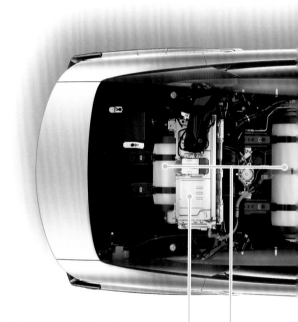

蓄電池（二次電池）：
可重複充放電的二次電池，用減速時的回收動能充電，並在加速時輔助燃料電池的出力。MIRAI所搭載的是鎳氫電池

高壓氫氣箱：
MIRAI上搭載了70MPa的高壓氫氣箱。這種最新的氫氣箱使用了可以封住氫氣的塑膠內襯、確保耐壓強度的碳纖維強化塑膠層、保護表面的玻璃纖維強化塑膠層的三層構造

燃料電池（燃料電池堆）：

利用氫和氧的化學反應產生電力的發電裝置。將氫氣供給燃料電池負極，氧氣供給正極，即可產生電力。燃料電池由俗稱cell的單電池組成，藉著將數百顆cell串聯來提高電壓。由多顆cell組合而成的單一結構稱為燃料電池堆（fuel cell stack），一般說的「燃料電池」指的便是燃料電池堆。燃料電池的主要特徵，是能量轉換效率高且不排放有害物質。由於燃料電池的原理是燃燒氫氣直接取出電力，理論上可將氫氣所帶能量的83％轉換成電能，跟汽油引擎比較，目前的效率可達2倍以上

動力控制單元：

由將燃料電池產生的直流電轉換成驅動馬達用的交流電的逆變器，以及控制驅動用電池之輸入和輸出的DC/DC轉換器等零件組成。負責在各種駕駛情境下，細密地控制燃料電池的出力和二次電池的充放電

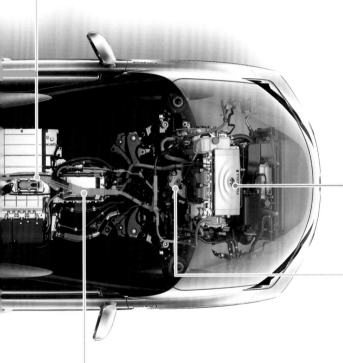

馬達：

MIRAI的馬達使用了交流同步馬達。減速時可當成發電機，回收動能

FC升壓轉換器：

MIRAI使用了大容量的FC升壓轉換器來提升馬達的電壓。這可以減少燃料電池堆的cell數，使系統變得更輕、更小

（照片提供：豐田汽車）

燃料電池和蓄電池

環保汽車都搭載了儲存電力或發電用的蓄電池或燃料電池。

燃料電池的原理

一般的電池（二次電池）需要從外部充電才能使用，而**燃料電池**則是一種可以像發電機一樣自己發電的電池。

燃料電池由俗稱「**cell**」的單電池組成。cell就像三明治，是正極（**空氣極**）和負極（**燃料極**）夾著**電解質膜**的結構。你可以把它想像成一個攤平的乾電池，並用電解質替代了一般電池所用的電解液。

單個cell的電壓很小，不到1V，所以要把很多cell串聯在一起，提高電壓。cell會被壓縮在厚度幾mm的板子上，且cell的正極和負極之間有很多細小的溝槽。當外部供給的氧氣和氫氣夾著中間的電解質膜通過溝槽，就會發生化學反應而產生電流。

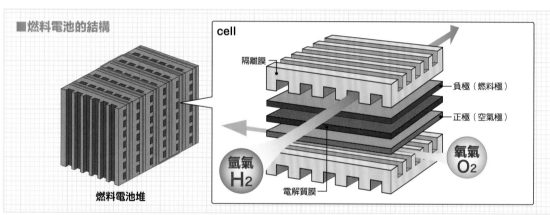

■燃料電池的結構

cell

隔離膜

負極（燃料極）

正極（空氣極）

氫氣 H_2

氧氣 O_2

電解質膜

燃料電池堆

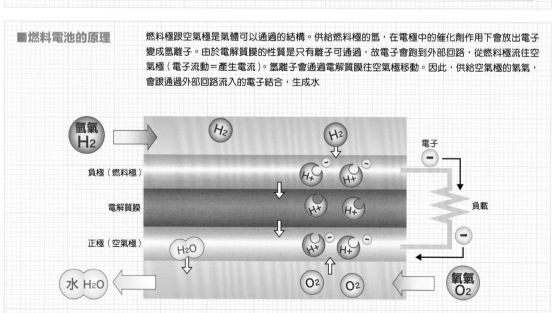

■燃料電池的原理　燃料極跟空氣極是氣體可以通過的結構。供給燃料極的氫，在電極中的催化劑作用下會放出電子變成氫離子。由於電解質膜的性質是只有離子可通過，故電子會跑到外部回路，從燃料極流往空氣極（電子流動＝產生電流）。氫離子會通過電解質膜往空氣極移動。因此，供給空氣極的氧氣，會跟通過外部回路流入的電子結合，生成水

氫氣 H_2

H_2

H_2

電子

負極（燃料極）

$H+$　$H+$

電解質膜

$H+$　$H+$

負載

正極（空氣極）

H_2O

$H+$　$H+$

水 H_2O

O^2　O^2

氧氣 O_2

鋰離子電池

鋰離子電池是代表性的**二次電池**。它由正極的**鋰鈷氧化物**等過渡金屬氧化物、負極的碳、電解質的**非水電解質**，以及夾在正極和負極之間的**隔離膜**組成。

充電時，鋰離子會從正極移動到負極，放電時則從負極移動到正極；當鋰離子移動的同時會釋放電子，並產生電流。由於使用非水電解質，因此可以獲得超過水的電解電壓的高電壓，具有高能量密度的特點。正是因為能量密度很高，所以EV才使用鋰離子電池。

但另一方面，鋰離子電池在過度充電和過度放電時會異常發熱，最壞的情況甚至會破裂、起火。因此為了確保安全性，一般會搭配監視充放電的保護迴路來控制。

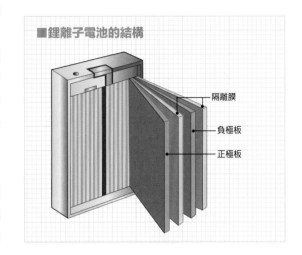

■鋰離子電池的結構

隔離膜
負極板
正極板

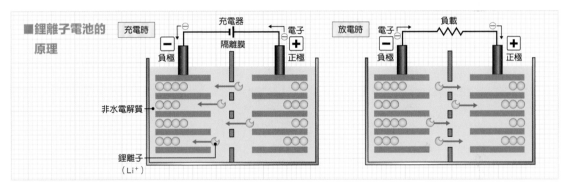

■鋰離子電池的原理

充電時　充電器　電子　放電時　負載　電子

負極　隔離膜　正極　負極　正極

非水電解質

鋰離子（Li⁺）

鎳氫電池

鎳氫電池的性能好、安全性高、而且成本相對低廉，因此被能量密度不需要像EV那麼高的HV當成二次電池使用。

它的正極是**氫氧化鎳**，負極是**吸氫合金**。兩極之間夾著隔離膜（聚烯烴製薄不織布或樹脂薄膜），捲成類似蛋糕捲的形狀，放進乾電池的單一型金屬容器，最後再倒入**濃氫氧化鉀水溶液**當電解液後密封。

單個電池的輸出電壓為1.2V。通常1個電池模組是由2根電池堆組成，電池堆是由多個電池（一般是6個）所串聯起來的；使用時，則會將10個以上的電池模組串聯起來。

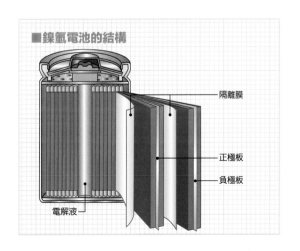

■鎳氫電池的結構

隔離膜
正極板
負極板
電解液

環保車的課題

在思考環境友善的汽車時，站在Well to Wheel的角度思考十分重要。

稱不上完美的環保汽車

至此我們介紹了EV和HV等各種環保汽車，它們都有各自的優缺點和問題要克服。

雖然很多人說FCV從環保性的角度來看，是比EV和HV更理想的環保汽車，但也有氫氣的運輸處理、加氫站設置以及製造成本等很多問題，沒辦法馬上推廣普及。

而EV雖然有碳排放量是零，以及靠馬達驅動等各項優點，但卻有續航距離短、電池成本高昂等問題。HV的優點是碳排放量比汽油引擎車低，但低油耗帶來的實際成本優勢，卻很容易受到行駛條件影響。

同時，對於EV和PHV而言，充電用的外部電源來自何種發動技術十分重要。比如，就算環保汽車本身不排放或只排放少量二氧化碳，但若它們使用的電能來自火力發電，那麼從總體系統來看依然會排放二氧化碳。

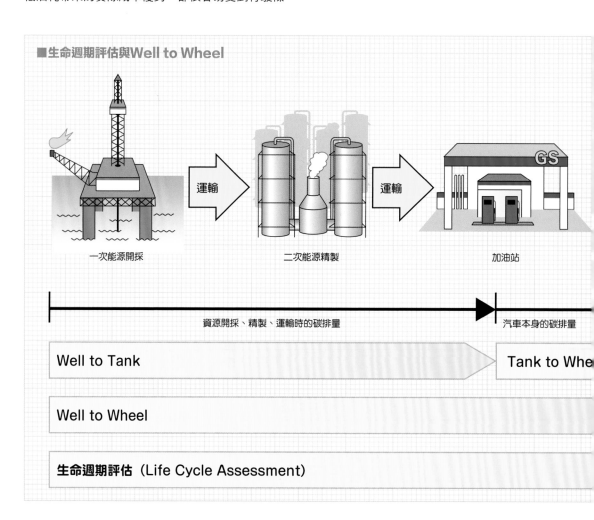

■生命週期評估與Well to Wheel

運輸　　運輸

一次能源開採　　二次能源精製　　加油站

資源開採、精製、運輸時的碳排量　　汽車本身的碳排量

Well to Tank　　Tank to Whe

Well to Wheel

生命週期評估（Life Cycle Assessment）

從油井到輪子

在思考環保汽車的問題時，除了汽車本身外，還必須從更廣的角度來思考。

從地球環境角度思考，在開採石油和生產汽車的階段，人類就已經在排放二氧化碳；另外，車輛報廢後的回收和掩埋作業也會產生碳排放。

因此，有種計算方式是把一次能源的資源開採到報廢後處理的總碳排放量（排放物等）全部算進來，稱為**生命週期評估（Life Cycle Assessment）**。

生命週期評估法是將產品總碳排（排放物等）導致的全球暖化等環境影響和資源枯竭等影響客觀量化（衝擊性評估），然後根據這些評估幫助政府和企業機關進行改善環境等決策，為此類決策賦予科學和客觀依據的方法。

基於這個概念，從一次能源開採到燃料被送到加油站為止的階段被稱為**Well to Tank**（油井到油箱）；而從一次能源開採到汽車跑完行駛路程的階段則稱為**Well to Wheel**（油井到輪子）。

對地球環境而言，並不是只要製造、讓大家統統改用環保汽車就好，還必須考慮汽車的整個生命週期中的碳排放。

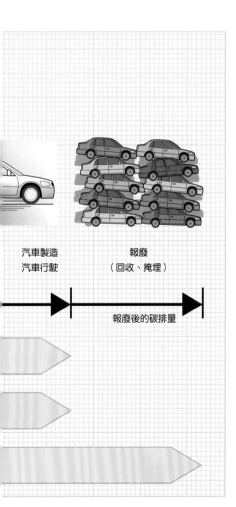

汽車製造 / 汽車行駛 　　報廢（回收、掩埋）

報廢後的碳排量

MINI COLUMN

計算Well to Wheel的意義

如果將EV和柴油引擎車的排廢量（二氧化碳）進行比較，理所當然是行駛過程中不會排放二氧化碳的EV比較少。

然而，若用Well to Wheel的方式比較，如下方所見，也有可能是EV排放的二氧化碳更多。若用俗稱綠色能源（風力等）的自然能源發電，那麼碳排放將幾乎是零；但若用煤炭等能源發電，EV的碳排量將有可能遠遠超過柴油汽車。

如此看來便會發現，行駛時油耗低的汽車不一定就是碳排放少的汽車。行駛的碳排量只不過是這輛車終生碳排量的一部分罷了。

■EV和柴油引擎車的 二氧化碳排放量（Well to Wheel）

柴油引擎車	109g
EV（煤炭發電）	190g
EV（天然氣發電）	95g
EV（綠能發電）	1g

（節自 VOLKSWAGEN 媒體宣傳資料）

汽車業的環保史

　　進入20世紀後，汽車產業急速發展，廢氣的排放開始造成空氣汙染和噪音汙染等不同的環境問題。同時，為了解決這些環境問題，各國政府也實施各式各樣的環保法令。

　　其中比較重要的事件，是1970年美國聯邦參議院議員埃德蒙‧馬斯基提出的清潔空氣法修正案（俗稱馬斯基法）。這項法案規定「汽車排放廢氣中的一氧化碳（CO）、碳氫化合物（HC）、氮氧化物（NOx）排放量必須減少至1970～71年型之汽車的1/10以下」、「HC和CO必須在1975年前，NOx必須在1976年前達成」、「不滿足前述條件的汽車在前述期限後禁止販售」，內容非常嚴格。以馬斯基法為基準，日本汽車製造商之一的本田汽車在1972年開發了CVCC引擎，首先通過了該法案的要求，然後隔年1973年馬自達的轉子引擎也藉由改良用於減少廢氣的熱處理器通過了標準。

　　然而，以1973年的石油危機為契機，由於技術上的困難和節省資源的理由，該法案被修正並延後實施，之後又不斷倒退，最後直到1995年才終於達成當初設定的標準。

　　除此之外，還有另一個同樣由美國規定的CAFE（Corporate Average Fuel Efficiency）標準。CAFE是「整廠平均油耗標準」的意思，是一項計算車廠實際售出的所有車輛（適用範圍包含乘用車和迷你廂型車等小型卡車）的平均油耗，並加以限制的制度。1978年以後生產的汽車型號都在管制範圍內，油耗必須低於規定的標準。現在的乘用車基準值是每加侖35.7英里（約每公升15.2km），小型卡車則是每加侖23.5～28.6英里（約每公升12.2km）。

　　不僅限於美國，歐洲和日本也都制定了嚴格的管制標準作為環境保護政策。

終章

未來的汽車與汽車社會

　　自汽車誕生以來，汽車對人類的生活便利性、舒適度的提升有極
大貢獻。然而，汽車排放的二氧化碳，以及包含行駛中與製造過程所
使用的能源，都對地球的環境造成了很大負擔。現在，已經深深融入
文明社會無法分離的汽車，未來又將會發生怎麼樣的進化呢？在最後
一章，我們將從汽車和汽車社會這2個面向，思考汽車的未來。

汽車的未來願景① 氫能社會

現在，汽車主要使用化石能源，但在不遠的未來或許會改以氫能為主流。

汽車與氫能社會

現在的汽車大多以**化石能源**為主，這導致了空氣汙染、全球暖化、石油枯竭等等問題。為了讓汽車跟著人類社會共存進化，我們必須思考如何兼顧地球環境和能源。

不只是汽車，現在日本的能源使用非常依賴化石能源，難以想像要如何擺脫化石燃料。在這個現狀下，日本政府也提出了新能源政策的方向，在 2014 年 4 月於國會通過了「能源基本計劃（第 4 次）」。

在這個基本計畫中，提出了「氫能可以透過多種一次能源用不同方法製造」、「可以氣態、液態、固態等各種型態儲存、運輸」、「可期待氫能

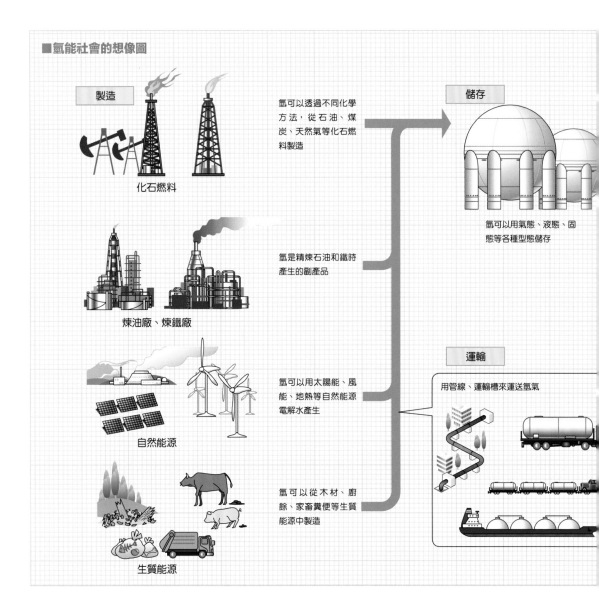

■氫能社會的想像圖

製造

化石燃料

煉油廠、煉鐵廠

自然能源

生質能源

氫可以透過不同化學方法，從石油、煤炭、天然氣等化石燃料製造

氫是精煉石油和鐵時產生的副產品

氫可以用太陽能、風能、地熱等自然能源電解水產生

氫可以從木材、廚餘、家畜糞便等生質能源中製造

儲存

氫可以用氣態、液態、固態等各種型態儲存

運輸

用管線、運輸槽來運送氫氣

在特定使用方法下具有之高能量效率、低環境負擔、緊急時期之靈活性等效果」、「可期待在未來扮演二次能源的核心角色」等觀點，並宣布將大力推動氫能的利用和應用，加速實現**氫能社會**。

這份計畫中描繪的氫能社會，除了可在城鄉中看到大量燃料電池車外，負責為氫能車提供氫能的加氫站，也將跟現在的加油站一樣在城鎮中隨處可見。同時，燃料電池車不只能成為一般家庭的乘用車，也能當公車、計程車、運輸用的貨車使用。而且不只是汽車，或許連電車和飛機也會改用燃料電池。

甚至不只是交通工具，氫能或許還將成為基礎設施的一部分，以後家家戶戶和辦公大樓都備有燃料電池，用它們來提供電力。

在這樣的氫能社會，二氧化碳排放將大幅減少，為地球環境帶來正面影響。目前，燃料電池車的普及還有很多問題要克服，仍須進行更多研究才能引進並實現氫能社會的理想。

利用、應用

燃料電池飛機　氫氣運輸貨輪　商辦用燃料電池　氫氣發電　加氫站　燃料電池公車　燃料電池計程車　燃料電池車　住家用燃料電池　燃料電池電車　燃料電池貨車　燃料電池機車

汽車的未來願景② 自動駕駛

真正能自己行駛的「自駕車」研究正不斷推進，並一點一滴成型。

現在的自動駕駛技術

自動駕駛車指的是運用雷達、LIDAR（運用雷射光的遙控偵測技術）、GPS、攝影機等設備偵測周圍環境和地理資訊，並搭配AI（人工智慧）和控制技術，只需指定目的地即可代替駕駛員自行安全行駛的汽車。

目前市面上還沒有可在公路上行駛的自駕車，但已經有些市售汽車搭載自動停車和車道維持功能等部分自駕的技術。

目前已經實用化的自駕載具，有以色列軍隊所使用、可在預先設定好的路線巡邏的無人車輛，以及在用於海外礦場和建設工地的砂石車等無人運行系統。

▌自動駕駛技術一例①
智慧停車輔助▌

日產汽車的智慧停車輔助系統，是只需觀看俯視（從正上方看的影響）畫面並指定要停車的位置，車子就會自動操作方向盤前往該處的系統。駕駛者只需專注操作油門和煞車，並檢查周圍的安全。

其原理是透過切換裝置於車身前、後以及車側後照鏡（兩側）的4個攝影機的影像，生成俯視圖，然後車用電腦再依照俯視圖判斷周圍的狀況，根據「①自車的迴轉半徑中心」、「②不會碰到鄰近車輛的區域」、「③模擬自車到目標停車位置的軌跡」這3項資訊，規劃到指定停車位置的路線。

■智慧停車輔助功能的簡介

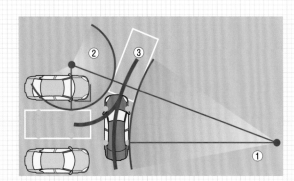

智慧停車輔助系統，可以掌握「①自車的迴轉半徑中心」、「②不會碰到鄰近車輛的區域」、「③模擬自車到目標停車位置的軌跡」這3項資訊，然後引導汽車前往指定的停車位置

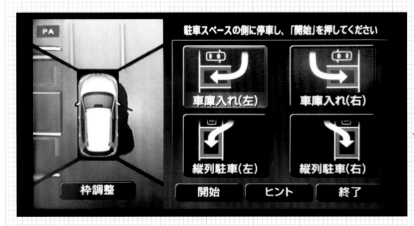

◀攝影機安裝在車前、車後、車側後照鏡的兩側。電腦會運用這些攝影機來掌握周圍狀況。俯視圖是由攝影機影像轉換生成

（照片提供：日產汽車）

自動駕駛技術一例②
無人砂石車運行系統

　　小松株式會社的無人砂石車運行系統（AHS：Autonomous Haulage System），是從中央控制室運行管理搭載了高精度GPS、障礙物偵測器、各種控制器以及無線網路系統等裝置的砂石車，可以在無人的情況下，指揮砂石車從礦場的礦石堆置場移動到棄土場並卸除裝載物。

　　前往目的地的行駛路線和速度，是從中央控制室自動無線發送，然後砂石車會用高精度GPS以及航位推測法一邊掌握自身的位置，一邊按照指定速度依目標路線行駛。

夢幻的完全自動駕駛

　　自動駕駛的最大優點，就是不會有人為失誤，可以實現「零事故」，以及可以在人類無法前往的環境中進行駕駛。

　　若能實現完全自動駕駛，便可縮短車輛行駛時的車距，並減少車道寬度，同時提高車速，提升道路上的行車效率。由於這些優點，現有道路的交通容量將可能提升好幾倍。同時，因為車輛的行駛效率更好，汽車消耗的能量也會減少，可說是好處多多。

　　至於具體的實現方法，目前大致有重視道路基礎建設，以及重視車載偵測器和網路資訊這2種流派，但都還在研究階段，就讓我們期待未來的發展。

■無人砂石車運行系統的簡介

砂石車的運行管理

GPS 衛星

中央管制室

高精度 GPS

搬運道路

障礙物感知偵測器

棄土場

堆置場

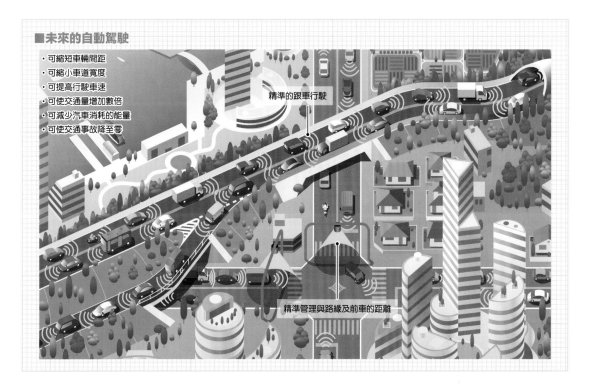

■未來的自動駕駛
- 可縮短車輛間距
- 可縮小車道寬度
- 可提高行駛車速
- 可使交通量增加數倍
- 可減少汽車消耗的能量
- 可使交通事故降至零

精準的跟車行駛

精準管理與路緣及前車的距離

汽車的未來願景③ 車載資訊系統

汽車不僅只按照駕駛人的意志單獨行駛，唯有跟外部環境互動，才算真正開始行駛。

汽車的資訊化

現在，汽車的行駛和制動等功能都由電腦（ECU）調控。在過去被認為是純機械產物的汽車，如今已經是沒有電腦控制便無法發動。

目前的汽車不只裝有電腦，還裝有通訊系統，能夠與外部環境通訊，接收各種跟汽車有關的資訊服務。這種技術稱為**車載資訊系統（Telematics）**。

車載資訊系統目前仍以各車廠自己的服務為主，但也已出現可用外部偵測器掌握其他車輛的行駛狀況、避開塞車路段，或在事故發生時自動通知緊急救護中心等各種服務。

由此可見，現代的汽車已經可在行駛時連接外部的社會系統。同理，在汽車上裝設通訊系統，在人、道路以及汽車間收發訊息，用以應對道路交通上的事故、塞車、環境問題，解決各種不同問題的系統，稱為**ITS（Intelligent Transport Systems：智慧運輸系統）**。比如現在已經實用化的車用導航、VICS（道路交通信息通信系統）、ETC等等。

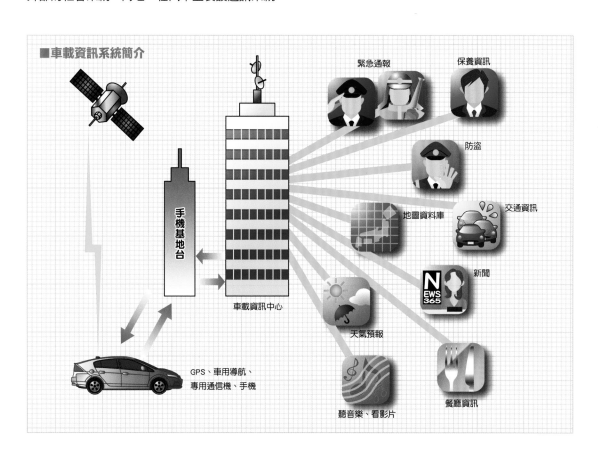

■車載資訊系統簡介

緊急通報　保養資訊　防盗　地圖資料庫　交通資訊　新聞　天氣預報　餐廳資訊　聽音樂、看影片

手機基地台

車載資訊中心

GPS、車用導航、專用通信機、手機

車載資訊系統的未來

　　在車載資訊系統更加進化的未來汽車社會，營業用車將搭載具有通信功能或GPS功能的車載裝置，輕鬆從遠方掌握車輛的運行狀況，在運行管理中兼顧「服從」、「環境」、「安全」、「業務效率」。

　　不僅如此，隨著語音辨識系統和智慧型手機、雲端運算技術的演進，未來的汽車或許能夠在行駛時進行各式各樣的資訊管理和通訊，甚至擁有祕書一樣的能力，進化成一種有智慧的機器人也說不定。

　　同時，隨著車載資訊技術進化，並實現自動駕駛後，由於再也不會發生車禍，汽車的外形可能會出現巨大改變。

　　內裝儀表板的主要形式會變成電子螢幕，其大小、數量、位置，比起車用儀表，可能會變得更接近辦公室或居家的電腦螢幕。座椅等設備的外形預期也將大幅變化。

　　相信在更加資訊化的未來，汽車將變得跟現在我們所認知的汽車概念截然不同。

■車載資訊系統的未來

駕駛的樂趣

人類的本能會被速度和刺激所吸引。汽車的魅力也在於駕駛的樂趣。

汽車的魅力

人類用雙腳步行移動。在呱呱墜地後，大約1年左右開始學會走路；接著很快便又學會奔跑。而幾乎所有小孩在奔跑時都是笑容滿面。因為人類很享受奔跑時的**速度感**和**刺激**。不僅如此，當小孩子坐在汽車造型的手推車上被快速推著跑時，無論男孩子還是女孩子都會興奮不已。而且，在年紀漸長後，人們又會逐漸愛上汽車、公車、電車等交通工具。

人類是一種會本能地在達成超越自己能力的事情時感到喜悅的生物。在汽車還是珍稀品的推廣期，人們醉心於那種平常絕對體驗不到的速度和刺激。雖然一般認為汽車的廣泛普及是因其移動的便利性，但我認為本質上速度和刺激帶來的「樂趣」，才是汽車真正的魅力。速度和刺激的頂點是賽車。即使自己不親自駕駛，也能感受到那超乎尋常的速度和刺激，我認為這就是賽車如此迷人的原因。

一直以來，人們享受著能夠觸動人類本能的

▲在日本最早的常設賽車場「多摩川賽車場」舉辦的車賽（1936年）

（照片提供：日產汽車）

汽車，但當我們注意到時，所有種類的汽車都變得愈來愈快，快到令人感到危險，進化到了超越刺激、堪稱危險的領域。例如F1賽車，賽車的性能不斷提升，如今駕駛者必須接受訓練才能承受過彎時的離心力。一般汽車的性能也是，雖然還能跑得更快，卻沒有能駕馭這個速度的人，因此如今已不再追求更快的速度。

現在的汽車技術發展方向是「環保與安全」。為了保護地球環境，技術進化時思考的是如何減少二氧化碳排放量，甚至除了汽車本身外，還要考量整個製造過程的總能量消耗。而在安全面部分，隨著資訊科技和車載資訊技術的進化，各家車廠都搶著研究以「絕對不會撞車的汽車」為目標的自動駕駛技術。如汽車的日文「自動車」般真正「會自己動的車子」，如今已近在眼前、初具雛形。

雖然汽車曾是建立在速度和刺激上的娛樂工具，但以享受速度和刺激為本的時代已經結束了。我認為今後汽車將變成類似移動機器人的存在，朝著「人類的倍力裝置」的方向持續進化和改變姿態。當然，我們也可以期待當中會演化出一些不依賴速度和刺激，但能讓人「享受行駛過程的汽車」型態。

我由衷希望汽車能永遠是人類「造夢」的對象。

◀賽車界的最高峰F1方程式賽車

▼無論概念或商業模式都跟現代汽車迥異的Google實驗用自駕車
（照片提供：Google）

數字・英文字母

2WD ································· 12
3 汽門 ······························ 22
4WD ·························· 12, 13, 16
4 汽門 ·························· 22, 23
ABS ································· 57
ACG ································ 31
AT ······························ 36, 37
AWD ······························· 13
CAFE ······························ 114
cell ····················· 96, 109, 110
CVT ······························· 38
DC/DC 轉換器 ············· 97, 101, 109
DCT ······························ 39
DOHC ······························ 23
downsizing turbo ···················· 76
e-4WD 系統 ························· 103
ECU ····················· 18, 68, 120
ESC ······························ 74
EV ····················· 96, 97, 98, 99
FCV ······························ 108
FF 驅動 ·························· 12, 41
FR 驅動 ·············· 10, 11, 12, 42, 43
FWD ······························· 12
HEV ······························ 100
HUD ······························ 70
HV ················ 100, 101, 102, 103, 104
ITS ······························ 120
MIG 焊接 ························ 82, 83
MR 驅動 ··························· 12
MT ······························ 34, 35
RR 驅動 ·························· 12, 13
RWD ······························· 12
SOHC ······························ 23
SUV ······························ 16
TRC ······························ 74
Well to Wheel ··················· 112, 113

2 劃～5 劃

二次電池 ················ 96, 100, 108, 111
二輪驅動 ··························· 12
三塗二烤 ··························· 85

下料 ······························ 80
小排量渦輪 ························· 76
小齒輪 ····························· 30
工程偏差 ··························· 86
工業用機器人 ················ 82, 86, 87
中央電極 ··························· 27
中控台 ····························· 65
中塗 ······························ 84, 85
互感作用 ··························· 27
內燃機引擎 ···················· 14, 100
分配器 ····························· 26
分離式 ···························· 102
升降器 ···················· 60, 61, 90
太陽齒輪 ··························· 37
引擎 ········ 10, 12, 15, 18, 19, 20, 87, 88, 89, 100
手動變速箱 ························· 34
手煞車 ·························· 56, 57
方向盤（轉向盤） ················ 10, 52
火星塞 ···················· 20, 26, 27
主動式安全系統 ·················· 74, 94
主線 ······················ 79, 86, 87
凸輪 ······························ 19, 22
凸輪軸 ·············· 19, 20, 23, 89
加氫站 ························· 108, 117
半 AT ····························· 39
半拖曳臂式 ························· 50
卡鉗 ······························ 54
可變汽門系統 ······················ 22
四行程引擎 ························· 20
四塗三烤 ························ 84, 85
四輪驅動 ··························· 12
外傾角 ····························· 51
外齒輪 ····························· 37
外觀檢查 ··························· 92
平台 ······························ 40
平底刮片 ··························· 71
正時皮帶（正時鏈條） ·········· 20, 21, 89
生命週期評估 ··················· 112, 113
白車身 ·························· 59, 84
皮卡車 ····························· 16
皮帶式 CVT ························ 38
石擊 ······························ 85

6 劃～10 劃

全拖曳臂式 ························· 50
全覆式 ····························· 64

共鳴式 ……………………………………… 29
多連桿懸吊 ………………………………… 49
安全氣囊 ……………………………… 68, 73
安全帶 ……………………………………… 66
成車路跑測試 ……………………………… 93
曲軸 ……………………… 19, 20, 21, 88
次級線圈 …………………………………… 27
自動駕駛車 ……………………………… 118
自動變速箱 ………………………………… 36
自動變速箱油 ……………………………… 36
自適應巡航控制 ………………………… 74, 75
行人保護裝置 ……………………………… 63
行星架 ……………………………………… 37
行星齒輪 ……………………………… 36, 37
行駛檢查 …………………………………… 92
串聯式 …………………………… 102, 103
低壓線圈 …………………………………… 27
冷卻水套 ……………………………… 19, 32
冷卻液 ……………………………………… 32
吸音式 ……………………………………… 29
扭力 ……………………………… 15, 42, 98
扭力樑懸吊 ………………………………… 50
扭力斷裂 …………………………………… 39
扭力轉換器 ………………………………… 36
改善 ………………………………………… 93
汽車工廠 ……………………………… 78, 79
汽油引擎（車）………………… 8, 10, 14, 98
汽油濾清器 ……………………………… 24, 25
汽門 ……………………………… 19, 22, 23
汽門正時 …………………………………… 22
汽門系統 …………………………………… 23
汽缸 …………………… 14, 18, 19, 20, 21
汽缸蓋 ………………………………… 19, 89
汽缸體 …………………………… 18, 19, 88, 89
沖壓 ………………………………………… 81
沖壓機 ………………………………… 80, 81
車外後照鏡 ………………………………… 67
車用導航 ……………………………… 68, 72
車身 ………………… 10, 58, 59, 80, 82, 84, 86
車身動態穩定系統 ………………………… 74
車身蒙皮 …………………………………… 59
車門 ………………… 10, 60, 61, 87, 90
車門面板 ……………………………… 60, 90
車門窗框 …………………………………… 60
車窗 …………………………………… 62, 87
車軸懸吊式 ………………………………… 48

車載資訊系統 …………………… 120, 121
車道維持輔助系統 ……………………… 74, 75
車輛合格證 …………………………… 92, 93
車燈 …………………………………… 10, 69
車頭燈 ……………………………………… 69
車體風格 …………………………………… 16
防側撞保護樑 ……………………………… 63
防撞安全基準 ……………………………… 94
防爆胎 ……………………………………… 45
並聯式 …………………………………… 102
初級線圈 …………………………………… 27
定子 ………………………………………… 36
居紐的砲車 ………………………………… 8
底塗 ………………………………………… 84
底盤 ……………………………… 10, 40, 41
抬頭顯示器 ………………………………… 70
拉力限制器 ………………………………… 66
拖曳臂懸吊 ………………………………… 50
歧管噴射 …………………………………… 25
油泵 ………………………………………… 18
油箱 …………………………………… 24, 25
直接點火系統 ……………………………… 26
空氣彈簧 …………………………………… 51
空氣濾清器 ………………………………… 28
阻尼 ………………………………………… 48
阿特金森循環（引擎）………………… 23, 100
雨刷 …………………………………… 68, 71
保險桿 ……………………………………… 61
前束角 ……………………………………… 51
前束角調整 ………………………………… 53
前輪驅動 …………………………………… 12
後傾角 ……………………………………… 51
後照鏡 ………………………………… 11, 67
後輪驅動 …………………………………… 12
怠速 ……………………………………… 105
拼焊 ………………………………………… 83
指示燈 ……………………………………… 70
泵葉輪 ……………………………………… 36
活性碳罐 …………………………………… 24
活塞 …………………………… 18, 20, 21, 89
活塞引擎 ……………………………… 18, 21
缸內直噴 …………………………………… 25
胎面花紋 …………………………………… 44
飛輪 …………………………… 19, 21, 35
倍力器 ………………………………… 54, 55
射出成型 …………………………………… 91

Index

差速齒輪 ⋯⋯⋯⋯⋯⋯⋯⋯⋯⋯⋯⋯⋯⋯ 11, 42
座椅 ⋯⋯⋯⋯⋯⋯⋯⋯⋯⋯⋯⋯⋯⋯ 10, 66, 87
旅行車 ⋯⋯⋯⋯⋯⋯⋯⋯⋯⋯⋯⋯⋯⋯⋯⋯⋯ 16
柴油引擎 ⋯⋯⋯⋯⋯⋯⋯⋯⋯⋯⋯⋯⋯⋯ 14, 107
氣壓懸吊 ⋯⋯⋯⋯⋯⋯⋯⋯⋯⋯⋯⋯⋯⋯⋯⋯ 51
消音器 ⋯⋯⋯⋯⋯⋯⋯⋯⋯⋯⋯⋯⋯⋯⋯ 11, 29
起動馬達 ⋯⋯⋯⋯⋯⋯⋯⋯⋯⋯⋯⋯⋯ 30, 105
迷你廂型車 ⋯⋯⋯⋯⋯⋯⋯⋯⋯⋯⋯⋯⋯⋯ 16
逆變器 ⋯⋯⋯⋯⋯⋯⋯⋯ 96, 97, 98, 101, 109
馬力 ⋯⋯⋯⋯⋯⋯⋯⋯⋯⋯⋯⋯⋯⋯⋯⋯⋯ 15
馬斯基法 ⋯⋯⋯⋯⋯⋯⋯⋯⋯⋯⋯⋯⋯⋯ 114
馬達 ⋯⋯⋯⋯⋯ 14, 23, 96, 97, 98, 100, 109
高強度座艙 ⋯⋯⋯⋯⋯⋯⋯⋯⋯⋯⋯⋯⋯⋯ 63
高壓線圈 ⋯⋯⋯⋯⋯⋯⋯⋯⋯⋯⋯⋯⋯⋯⋯ 27

11劃～15劃

乾淨柴油引擎 ⋯⋯⋯⋯⋯⋯⋯⋯⋯⋯⋯⋯ 107
副線 ⋯⋯⋯⋯⋯⋯⋯⋯ 79, 86, 87, 88, 90
動力分割機構 ⋯⋯⋯⋯⋯⋯⋯⋯⋯⋯⋯ 100
動力控制單元 ⋯⋯⋯⋯⋯⋯⋯ 97, 101, 109
動力輔助轉向系統 ⋯⋯⋯⋯⋯⋯⋯⋯⋯ 52
動能回收 ⋯⋯⋯⋯⋯⋯⋯ 31, 99, 100, 108
動能回收煞車 ⋯⋯⋯⋯⋯⋯⋯⋯⋯ 99, 101
密封 ⋯⋯⋯⋯⋯⋯⋯⋯⋯⋯⋯⋯⋯⋯⋯⋯ 84
強化玻璃 ⋯⋯⋯⋯⋯⋯⋯⋯⋯⋯⋯⋯⋯⋯ 62
排氣歧管 ⋯⋯⋯⋯⋯⋯⋯⋯⋯⋯⋯⋯⋯⋯ 29
排氣裝置 ⋯⋯⋯⋯⋯⋯⋯⋯⋯⋯⋯⋯⋯⋯ 29
排氣管 ⋯⋯⋯⋯⋯⋯⋯⋯⋯⋯⋯⋯⋯ 11, 29
排氣閥 ⋯⋯⋯⋯⋯⋯⋯⋯⋯⋯⋯⋯⋯ 19, 22
接地電極 ⋯⋯⋯⋯⋯⋯⋯⋯⋯⋯⋯⋯⋯⋯ 27
氫氣箱 ⋯⋯⋯⋯⋯⋯⋯⋯⋯⋯⋯⋯⋯⋯⋯ 108
氫能社會 ⋯⋯⋯⋯⋯⋯⋯⋯⋯⋯⋯ 116, 117
混合動力車 ⋯⋯⋯⋯⋯⋯ 9, 14, 23, 100
混聯式 ⋯⋯⋯⋯⋯⋯⋯⋯⋯⋯⋯⋯ 102, 104
清漆 ⋯⋯⋯⋯⋯⋯⋯⋯⋯⋯⋯⋯⋯⋯ 84, 85
牽引力控制系統 ⋯⋯⋯⋯⋯⋯⋯⋯⋯⋯ 74
終傳齒輪 ⋯⋯⋯⋯⋯⋯⋯⋯⋯⋯⋯⋯⋯⋯ 42
被動式安全系統 ⋯⋯⋯⋯⋯⋯⋯⋯⋯⋯ 94
連桿 ⋯⋯⋯⋯⋯⋯⋯⋯⋯⋯ 18, 20, 21, 89
頂塗 ⋯⋯⋯⋯⋯⋯⋯⋯⋯⋯⋯⋯⋯⋯ 84, 85
麥花臣懸吊 ⋯⋯⋯⋯⋯⋯⋯⋯⋯⋯⋯⋯ 49
單體式結構 ⋯⋯⋯⋯⋯⋯⋯⋯ 40, 58, 59
嵌入式結構 ⋯⋯⋯⋯⋯⋯⋯⋯⋯⋯⋯⋯ 61
幾何結構 ⋯⋯⋯⋯⋯⋯⋯⋯⋯⋯⋯⋯⋯⋯ 51
廂型車 ⋯⋯⋯⋯⋯⋯⋯⋯⋯⋯⋯⋯⋯⋯⋯ 16
散熱器 ⋯⋯⋯⋯⋯⋯⋯⋯⋯⋯⋯⋯⋯⋯⋯ 32

智慧停車輔助系統 ⋯⋯⋯⋯⋯⋯⋯⋯ 118
渦輪葉輪 ⋯⋯⋯⋯⋯⋯⋯⋯⋯⋯⋯⋯⋯⋯ 36
渦輪增壓 ⋯⋯⋯⋯⋯⋯⋯⋯⋯⋯⋯⋯⋯⋯ 33
湯瑪斯‧愛迪生 ⋯⋯⋯⋯⋯⋯⋯⋯⋯⋯⋯ 9
無人砂石車運行系統 ⋯⋯⋯⋯⋯⋯⋯ 119
無內胎輪胎 ⋯⋯⋯⋯⋯⋯⋯⋯⋯⋯⋯⋯ 45
無段變速箱 ⋯⋯⋯⋯⋯⋯⋯⋯⋯⋯⋯⋯ 38
無釘雪地胎 ⋯⋯⋯⋯⋯⋯⋯⋯⋯⋯⋯⋯ 45
無窗框車門 ⋯⋯⋯⋯⋯⋯⋯⋯⋯⋯⋯⋯ 61
發電機 ⋯⋯⋯⋯⋯⋯⋯⋯⋯⋯ 30, 31, 103
發電機（HV） ⋯⋯⋯⋯⋯⋯⋯⋯⋯⋯ 100
超小型電動車 ⋯⋯⋯⋯⋯⋯⋯⋯⋯⋯⋯ 99
進氣歧管 ⋯⋯⋯⋯⋯⋯⋯⋯⋯ 18, 24, 28
進氣裝置 ⋯⋯⋯⋯⋯⋯⋯⋯⋯⋯⋯ 10, 28
進氣管 ⋯⋯⋯⋯⋯⋯⋯⋯⋯⋯⋯⋯⋯⋯ 25
進氣閥 ⋯⋯⋯⋯⋯⋯⋯⋯⋯⋯⋯⋯⋯ 19, 22
進氣導管 ⋯⋯⋯⋯⋯⋯⋯⋯⋯⋯⋯⋯⋯⋯ 28
催化轉換器 ⋯⋯⋯⋯⋯⋯⋯⋯⋯⋯⋯⋯ 29
傳動系統 ⋯⋯⋯⋯⋯⋯⋯⋯⋯⋯⋯⋯⋯⋯ 42
傳動軸 ⋯⋯⋯⋯⋯⋯⋯⋯⋯⋯ 11, 42, 43
愛迪生電池 ⋯⋯⋯⋯⋯⋯⋯⋯⋯⋯⋯⋯⋯ 9
新車安全評等制度 ⋯⋯⋯⋯⋯⋯⋯⋯⋯ 94
煞車 ⋯⋯⋯⋯⋯⋯⋯⋯⋯⋯ 54, 55, 56, 57
煞車墊 ⋯⋯⋯⋯⋯⋯⋯⋯⋯⋯⋯⋯⋯⋯⋯ 54
碰撞緩解煞車系統 ⋯⋯⋯⋯⋯⋯⋯ 74, 75
節流閥 ⋯⋯⋯⋯⋯⋯⋯⋯⋯⋯⋯⋯⋯⋯⋯ 28
腳煞車 ⋯⋯⋯⋯⋯⋯⋯⋯⋯⋯⋯⋯⋯⋯⋯ 54
鉛蓄電池 ⋯⋯⋯⋯⋯⋯⋯⋯⋯⋯⋯⋯⋯⋯ 31
零件製造商 ⋯⋯⋯⋯⋯⋯⋯⋯⋯⋯⋯⋯ 78
雷射焊 ⋯⋯⋯⋯⋯⋯⋯⋯⋯⋯⋯⋯⋯ 82, 83
電子轉向系統 ⋯⋯⋯⋯⋯⋯⋯⋯⋯⋯⋯ 53
電池 ⋯⋯⋯ 14, 30, 31, 96, 98, 99, 100, 101, 108
電弧焊 ⋯⋯⋯⋯⋯⋯⋯⋯⋯⋯⋯⋯⋯ 82, 83
電動車 ⋯⋯⋯⋯⋯⋯⋯⋯⋯ 8, 9, 14, 96
電裝 ⋯⋯⋯⋯⋯⋯⋯⋯⋯⋯⋯⋯⋯⋯⋯⋯ 68
預緊器 ⋯⋯⋯⋯⋯⋯⋯⋯⋯⋯⋯⋯⋯⋯⋯ 66
鼓煞 ⋯⋯⋯⋯⋯⋯⋯⋯⋯⋯⋯⋯⋯⋯ 54, 55
漏水檢查 ⋯⋯⋯⋯⋯⋯⋯⋯⋯⋯⋯⋯⋯⋯ 92
碟式煞車盤 ⋯⋯⋯⋯⋯⋯⋯⋯⋯⋯⋯⋯ 54
碟煞 ⋯⋯⋯⋯⋯⋯⋯⋯⋯⋯⋯⋯⋯⋯⋯⋯ 54
蒸氣汽車 ⋯⋯⋯⋯⋯⋯⋯⋯⋯⋯⋯⋯⋯⋯⋯ 8
輕合金輪圈 ⋯⋯⋯⋯⋯⋯⋯⋯⋯⋯⋯⋯ 47
輕混合動力 ⋯⋯⋯⋯⋯⋯⋯⋯⋯⋯ 31, 103
儀表 ⋯⋯⋯⋯⋯⋯⋯⋯⋯⋯⋯⋯⋯⋯ 68, 70
儀表板 ⋯⋯⋯⋯⋯⋯⋯⋯⋯⋯⋯ 65, 87, 91
噴油嘴 ⋯⋯⋯⋯⋯⋯⋯⋯⋯⋯⋯⋯⋯ 24, 25

增程式 ⋯⋯⋯⋯⋯⋯⋯⋯⋯⋯⋯⋯⋯⋯⋯ 103
增壓器 ⋯⋯⋯⋯⋯⋯⋯⋯⋯⋯⋯⋯⋯⋯⋯⋯ 33
彈簧 ⋯⋯⋯⋯⋯⋯⋯⋯⋯⋯⋯⋯⋯⋯⋯⋯⋯ 48
樑框式結構 ⋯⋯⋯⋯⋯⋯⋯⋯⋯⋯⋯⋯⋯ 40
熱衰退現象 ⋯⋯⋯⋯⋯⋯⋯⋯⋯⋯⋯⋯⋯ 55
盤面 ⋯⋯⋯⋯⋯⋯⋯⋯⋯⋯⋯⋯⋯⋯⋯⋯⋯ 46
線束 ⋯⋯⋯⋯⋯⋯⋯⋯⋯⋯⋯⋯⋯⋯⋯⋯⋯ 68
衝擊吸收車身 ⋯⋯⋯⋯⋯⋯⋯⋯⋯⋯⋯ 63
調整器 ⋯⋯⋯⋯⋯⋯⋯⋯⋯⋯⋯⋯⋯⋯⋯ 66
輪胎 ⋯⋯⋯⋯⋯⋯⋯⋯⋯⋯ 10, 11, 44, 45
輪胎定位 ⋯⋯⋯⋯⋯⋯⋯⋯⋯⋯⋯⋯⋯⋯ 51
輪框 ⋯⋯⋯⋯⋯⋯⋯⋯⋯⋯⋯⋯⋯⋯⋯⋯⋯ 46
輪圈 ⋯⋯⋯⋯⋯⋯⋯⋯⋯⋯⋯⋯ 11, 46, 47
鋁製輪圈 ⋯⋯⋯⋯⋯⋯⋯⋯⋯⋯⋯⋯⋯⋯ 47
鋰離子電池 ⋯⋯⋯⋯⋯⋯⋯ 96, 101, 111

16 劃～ 20 劃

擋風玻璃清洗器 ⋯⋯⋯⋯⋯⋯⋯⋯⋯ 71
機械增壓 ⋯⋯⋯⋯⋯⋯⋯⋯⋯⋯⋯⋯⋯⋯ 33
橫拉桿 ⋯⋯⋯⋯⋯⋯⋯⋯⋯⋯⋯⋯⋯ 52, 53
燃料電池 ⋯⋯⋯⋯⋯⋯ 108, 109, 110, 117
燃料電池車 ⋯⋯⋯⋯⋯⋯ 9, 14, 108, 117
燃料電池堆 ⋯⋯⋯⋯⋯⋯⋯⋯⋯⋯⋯⋯ 109
燃料噴射系統 ⋯⋯⋯⋯⋯⋯⋯⋯⋯⋯⋯ 24
獨立懸吊式 ⋯⋯⋯⋯⋯⋯⋯⋯⋯⋯⋯⋯ 48
膨脹式 ⋯⋯⋯⋯⋯⋯⋯⋯⋯⋯⋯⋯⋯⋯⋯ 29
鋼板（冷軋鋼板）⋯⋯⋯⋯⋯⋯⋯ 58, 80
鋼捲 ⋯⋯⋯⋯⋯⋯⋯⋯⋯⋯⋯⋯⋯⋯⋯⋯⋯ 80
鋼製輪圈 ⋯⋯⋯⋯⋯⋯⋯⋯⋯⋯⋯ 46, 47
環狀齒輪 ⋯⋯⋯⋯⋯⋯⋯⋯⋯⋯⋯⋯ 30, 37
避震器 ⋯⋯⋯⋯⋯⋯⋯⋯⋯⋯⋯⋯⋯⋯⋯ 48
鍛造 ⋯⋯⋯⋯⋯⋯⋯⋯⋯⋯⋯⋯⋯⋯⋯⋯⋯ 89
鎂合金輪圈 ⋯⋯⋯⋯⋯⋯⋯⋯⋯⋯⋯⋯ 47
點火系統 ⋯⋯⋯⋯⋯⋯⋯⋯⋯⋯⋯⋯⋯⋯ 26
點火控制器 ⋯⋯⋯⋯⋯⋯⋯⋯⋯⋯ 26, 27
點火線圈 ⋯⋯⋯⋯⋯⋯⋯⋯⋯⋯⋯⋯ 26, 27
點焊 ⋯⋯⋯⋯⋯⋯⋯⋯⋯⋯⋯⋯⋯⋯ 82, 83
轉向系統 ⋯⋯⋯⋯⋯⋯⋯⋯⋯⋯⋯⋯⋯⋯ 52
轉向軸 ⋯⋯⋯⋯⋯⋯⋯⋯⋯⋯⋯⋯⋯⋯⋯ 52
轉向節 ⋯⋯⋯⋯⋯⋯⋯⋯⋯⋯⋯ 43, 52, 53
轉向齒輪箱 ⋯⋯⋯⋯⋯⋯⋯⋯⋯⋯ 52, 53
鎖定模式 ⋯⋯⋯⋯⋯⋯⋯⋯⋯⋯⋯⋯⋯⋯ 36
鎳氫電池 ⋯⋯⋯⋯⋯⋯⋯⋯⋯⋯⋯⋯⋯ 111
雙A臂懸吊 ⋯⋯⋯⋯⋯⋯⋯⋯⋯⋯⋯⋯ 49
雙層玻璃 ⋯⋯⋯⋯⋯⋯⋯⋯⋯⋯⋯⋯⋯⋯ 62
雙離合器變速箱 ⋯⋯⋯⋯⋯⋯⋯⋯⋯ 39

離合器 ⋯⋯⋯⋯⋯⋯⋯⋯⋯⋯⋯⋯ 34, 35
離合器片 ⋯⋯⋯⋯⋯⋯⋯⋯⋯⋯⋯⋯⋯ 35
穩定桿 ⋯⋯⋯⋯⋯⋯⋯⋯⋯⋯⋯⋯⋯⋯⋯ 48
艤裝（物）⋯⋯⋯⋯⋯⋯⋯⋯⋯⋯ 10, 64
轎車 ⋯⋯⋯⋯⋯⋯⋯⋯⋯⋯⋯⋯⋯⋯⋯⋯⋯ 16
懸吊系統 ⋯⋯⋯⋯⋯⋯⋯ 10, 48, 49, 50, 51
懸吊機構 ⋯⋯⋯⋯⋯⋯⋯⋯⋯⋯⋯⋯⋯⋯ 48
蠕變現象 ⋯⋯⋯⋯⋯⋯⋯⋯⋯⋯⋯⋯⋯ 36
警示燈 ⋯⋯⋯⋯⋯⋯⋯⋯⋯⋯⋯⋯⋯⋯⋯ 70

21 劃～ 23 劃

驅動方式 ⋯⋯⋯⋯⋯⋯⋯⋯⋯⋯⋯⋯⋯ 12
驅動系統 ⋯⋯⋯⋯⋯⋯⋯⋯⋯⋯⋯⋯ 10, 42
驅動軸 ⋯⋯⋯⋯⋯⋯⋯⋯⋯⋯ 10, 11, 42, 43
驅動輪 ⋯⋯⋯⋯⋯⋯⋯⋯⋯⋯⋯⋯⋯⋯⋯ 12
鑄造 ⋯⋯⋯⋯⋯⋯⋯⋯⋯⋯⋯⋯⋯⋯⋯⋯⋯ 89
變速器 ⋯⋯⋯⋯⋯⋯⋯⋯ 10, 34, 36, 38, 42

◉ 著者　繁　浩太郎

1979年加入本田技術研究所，被分配至儀表板設計部門。從1992年CR-X Del Sol開發負責人（LPL）到N-BOX系列開發總負責人，參與了多種車型的開發工作。2012年退休，2013年離職。目前擔任品牌顧問、汽車評論家，活躍於汽車資訊網站「Auto Prove」的專欄連載。同時也從事演講活動。

◉ 協力　本田技研工業株式會社

◉ 照片、插圖提供

豐田汽車／豐田博物館／BMW／鈴木汽車／三菱扶桑卡客車株式會社／日產汽車／Google／愛三工業株式會社／NKN株式會社／株式會社普利司通／株式會社RAYS／AGC旭硝子／住江織物株式會社／矢崎總業株式會社／電裝公司／歌樂公司／PPS通信社／photolibrary

◉ 插圖　　　　中田周作／田中こいち

◉ 本文設計　　ジーグレイプ株式會社

◉ 編輯・DTP　ジーグレイプ株式會社

◉ 參考資料

《混合動力車的技術及其原理》飯塚昭三著（grandprix出版）／《動力圖解 汽車原理完美事典》古川修監修（Natsume社）／《史上最強彩色圖解 汽車大全事典》青山元男著（Natsume社）／《好玩又好懂 汽車的原理》小俣雅史著（日本文藝社）　※書名皆暫譯

汽車構造＆知識全圖解
從引擎、車體到驅動系統全方位解析

2023年9月1日初版第一刷發行
2024年6月1日初版第五刷發行

著　　　者	繁 浩太郎
譯　　　者	陳識中
副　主　編	劉皓如
發　行　人	若森稔雄
發　行　所	台灣東販股份有限公司
	＜地址＞台北市南京東路4段130號2F-1
	＜電話＞(02) 2577-8878
	＜傳真＞(02) 2577-8896
	＜網址＞http://www.tohan.com.tw
郵　撥　帳　號	1405049-4
法　律　顧　問	蕭雄淋律師
總　經　銷	聯合發行股份有限公司
	＜電話＞(02) 2917-8022

著作權所有，禁止翻印轉載。
購買本書者，如遇缺頁或裝訂錯誤，
請寄回更換（海外地區除外）。
Printed in Taiwan

JIDOSHAKAIBO MANNUAL by Kotaro Shige
Copyright © 2015 Kotaro Shige
All rights reserved.
Original Japanese edition published by Gijutsu-Hyoron Co., Ltd., Tokyo

This Complex Chinese edition published by arrangement with Gijutsu-Hyoron Co., Ltd., Tokyo in care of Tuttle-Mori Agency, Inc., Tokyo.

國家圖書館出版品預行編目資料

汽車構造&知識全圖解：從引擎、車體到驅動系統全方位解析/繁浩太郎著；陳識中譯. -- 初版. -- 臺北市：臺灣東販股份有限公司, 2023.09
128面；18.2×25.7公分
ISBN 978-626-329-989-4(平裝)

1.CST: 汽車工程 2.CST: 汽車

447.1　　　　　　　　　　　112012333